前言

用中医智慧，呵护孩子成长

父母是孩子永远的避风港。

爸爸的爱，深沉伟岸如山，而妈妈贴心细致的守护，是孩子成长路上最温暖的光。孩子一路成长，妈妈一路担忧牵挂，怕孩子磕着、碰着、饿着、冷着，更怕孩子生病。

孩子生病了怎么办？

除了第一时间想到求医吃药打针，很多新手妈妈都免不了会手足无措。其实，每个妈妈都有一双神奇的手，可以施展"魔法"，轻松为孩子解决成长中的很多"小烦恼"。

小儿推拿，就是这种神奇的"魔法"。

小儿推拿是以阴阳五行、脏腑经络等中医理论为指导，运用各种手法刺激孩子身上的穴位，使其经络通畅，以达到调整脏腑功能、治病保健目的的一种疗法。小儿推拿因为方便易行、疗效显著、无毒副作用、不受设备和医疗条件限制等优势，越来越受到儿科专家的重视以及家长的青睐。

掌握小儿推拿，了解孩子身上的"健康密码"——特效穴位，对症捏一捏，按一按，如同给孩子服用一剂剂中药，有病早治，无病早防，有效激发孩子自身的免疫力。在孩子"未病"时，小儿推拿不仅可为孩子调理体质，还可以增强亲子沟通，使亲子关系更加密切；孩子生病了，有推拿经验的妈妈也不会着急心慌，能用自己的巧手为孩子减轻病痛，加速孩子身体康复。

妈妈温柔的双手，可以成为孩子抵挡风雨的"盔甲"。

本书对小儿推拿的原理及操作方法进行详细阐述，介绍应对孩子常见病的对症食疗方，还介绍刮痧、艾灸、拔罐等多种简单易行的中医疗法，希望能为妈妈们的育儿之路提供多方位的帮助。

除此之外，我们还为育儿期的妈妈们提供了一系列中医调理方法，帮助妈妈们调理身心、美容瘦身，在爱孩子的同时也关爱自己，做一个和孩子一同成长的幸福妈妈。

小儿推拿一本通

妈妈的手
宝宝最好的医生

李淳◎著　王振鹏◎绘

江西科学技术出版社

图书在版编目（CIP）数据

小儿推拿一本通：妈妈的手　宝宝最好的医生 / 李淳著. -- 南昌：江西科学技术出版社，2024.3
 ISBN 978-7-5390-8795-5

Ⅰ.①小… Ⅱ.①李… Ⅲ.①婴幼儿－哺育 Ⅳ.①TS976.31

中国国家版本馆 CIP 数据核字 (2023) 第 225835 号

国际互联网（Internet）地址：http://www.jxkjcbs.com
选题序号：ZK2023219

责任编辑：宋　涛
责任印刷：张智慧

小儿推拿一本通：妈妈的手 宝宝最好的医生
XIAOER TUINA YIBENTONG: MAMA DE SHOU BAOBAO ZUIHAO DE YISHENG

李　淳/著　王振鹏/绘

出版发行　江西科学技术出版社
社　　址　南昌市蓼州街2号附1号
邮　　编　330009　电　话：0791-86623491
印　　刷　河北炳烁印刷有限公司
经　　销　各地新华书店
开　　本　700mm×1000mm　1/16
印　　张　14.5
字　　数　160千字
版　　次　2024年3月第1版
印　　次　2024年3月第1次印刷
书　　号　ISBN 978-7-5390-8795-5
定　　价　58.00元

赣版权登字：-03-2023-324
版权所有　侵权必究

（赣科版图书凡属印装错误，可向承印厂调换）

智慧育儿，巧用中医"绿色疗法"

孩子的小身体和大人不一样	2
孩子生病了，看中医还是看西医？	4
6种中医体质，辨识孩子健康状态	7
妈妈火眼金睛，孩子生病早发现	10

孩子身上的健康"按钮"，妈妈多触摸

妙手取穴，掌握孩子身体的健康密码	19
小儿推拿宜忌，宝爸宝妈要牢记	21
学会推拿基础手法，"手"护孩子健康成长	24
孩子身上的这些特效"按钮"，妈妈一按就灵	27

中医推拿，
帮孩子推掉成长的烦恼

生活小烦恼

夜啼	53	肥胖	83
睡不好	57	多动症	87
爱生气	60	易疲劳	91
受惊吓	63	身高偏低	96
厌食	66	免疫力弱	99
尿床	70	脾胃不和	102
上火	74	智力发育迟缓	105
积食	76	视力不良	108
贫血	79		

健康小烦恼

感冒	111	湿疹	150
咳嗽	114	荨麻疹	153
百日咳	117	牙痛	156
发热	120	鼻炎	159
口疮	123	疝气	162
扁桃体炎	126	腓肠肌痉挛	165
哮喘	129	急性结膜炎	168
流鼻血	132	流行性腮腺炎	171
消化不良	135	手足口病	174
便秘	138	痱子	177
腹泻	141	佝偻病	180
流涎	144	肠梗阻	183
盗汗	147		

妈妈健康，才是孩子最大的福音

中医推拿，呵护健康好身体	186
产后腹痛	187
产后缺乳	189
子宫脱垂	191

产后尿潴留	193
月经不调	194
痛经	196
闭经	198
崩漏	200
带下病	202
慢性盆腔炎	204
阴道炎	206
子宫内膜炎	208
食疗食补，吃出美妙好身材	210
调理五脏，调出红润好颜色	217
养生内调，养出舒畅好心情	221

01

智慧育儿，
巧用中医"绿色疗法"

中医学主张"治未病"，提倡未病先防、既病防变和瘥后防复的"三防"思想，还将"阴阳"与"五行"作为阐述人体生理、病理以及疾病的诊断、治疗等方面的辨证方法。阴阳五行理论听起来有点儿玄虚，实则是来自实践的真知，是千百年来中医学家和老百姓们不断摸索、创新的智慧结晶。

仔细观察，生活中的很多谚语都传递着中医学的智慧，阐述着简洁明快的育儿道理。

"若要小儿安，三分饥与寒。"

"背暖肚暖足要暖，头和心胸却须凉。"

"鱼生火，肉生痰，萝卜白菜保平安。"

俗话说："三分治，七分养。"小儿疾病多因饮食不当、护理不当造成。虽然药物疗法有不可替代性，但中医推拿作为一种安全、绿色、无疼痛的疗法，对许多小儿常见病、多发病均有较好的疗效，适用于 0~14 岁的儿童，对 6 岁以下的孩子，尤其是 3 岁以下的宝宝，疗效更为显著。

在育儿的过程中，妈妈们常常会有各种担忧与困扰，如：孩子生病了，中西医到底怎么选？孩子为什么不爱吃饭，为什么爱哭闹，为什么容易生病？等等。这些问题，本章从中医学角度一一为你解答。

孩子的小身体和大人不一样

孩子从出生到成年，其生理结构和生理功能都处于不断生长发育的过程中，在 生理、病理 等方面，都与大人有所不同。

从中医辨证角度来看，孩子的生理特点表现为以下几个方面。

脏腑娇嫩，形气未充

孩子的脏腑柔弱，对病邪侵袭、药物攻伐的抵抗和耐受能力都比较低，所以与成人相比，孩子更容易感受风寒或风热邪气，孩子用药量宜偏少，禁忌相对较多。

孩子形气未充。"形"是指孩子的 形体结构，比如脏腑经络、四肢百骸、精血津液等；"气"是指 脏腑的功能，比如脾气、胃气、肺气、肾气。孩子的脏腑娇嫩，其中又以肺、脾、肾三脏更为突出，妈妈在日常生活中护理好孩子的肺、脾、肾，可为孩子一生的健康筑牢根基。

肺脏娇嫩，卫外机能不固，孩子容易被外邪侵袭肺系，出现感冒、咳喘等肺系病症。

脾常不足，脾胃运化功能弱，孩子容易因饮食不当而生病，出现食积、呕吐、腹胀、腹泻。

肾常虚，表现为肾精未充，肾气不盛，孩子出现尿频、尿不尽、夜尿增多，甚至会尿床。

生机蓬勃,发育迅速

孩子在生长发育过程中,其体格、智力以及脏腑功能,都在不断地趋向完善、成熟。如孩子的身高、胸围、头围随着年龄的增加而增长,孩子的思维、语言、运动能力随着年龄的增加而迅速提高,古代医家把孩子这种生机蓬勃、发育迅速的生理现象称为"纯阳"。

这种纯阳的特点体现在孩子形体不断增长、功能不断完善;这种纯阳是疾病康复的主动力,也是孩子生病时只要找对方法也容易调理好的原因。

孩子的病理特点也与成人大不相同。

容易发病,传变迅速

孩子的机体功能比较脆弱,对病邪的抵抗力较差,且冷暖不知自调,饮食不知自节,容易受到外界的病原体感染,所以比大人更容易生病。

妈妈别担心,我会健康长大!

孩子年龄越小,生病概率越高,尤其是肺、脾、肾系统疾病及传染病。而传变迅速,一般是指孩子在患病期间病情容易出现变化,病情容易加重,家长需要细心护理,严重时要及时送医。

脏气清灵,易趋康复

孩子的精力充沛,身体新陈代谢旺盛,修复能力也比较强,且脏气清灵,病因单纯,少有七情(喜、怒、忧、思、悲、恐、惊)过度的伤害。因此在患病后,只要经过及时恰当的治疗和护理,病情就容易好转,恢复健康。

孩子生病了，看中医还是看西医？

孩子是妈妈的小天使，每个妈妈都想给自己的宝宝全方位的爱与呵护。那么，当孩子生病了，我们是应该去看中医还是看西医，哪个效果更好一些呢？这是困扰妈妈们的一大难题。

西医是科学，中医是哲学？

中医学作为老祖宗留下的文化瑰宝，有着悠久的历史，一直守护着中国人的健康，西医直到清朝末期才大规模传入国内，经发展逐渐占据主导地位。

中医和西医到底哪个好，该怎样选择？这个话题一直备受争议。

有人把人体形容成一台由众多零件组成的"精密机器"，在西医面前，这台"机器"的零件是分子结构的，西医通过操作改变组成机器的"分子"，从而达到维护机体的目的。西医理论源自人体解剖学的发展、细胞学实验，擅长用局部和微观的视角来看待每一个病症，只承认解剖学中看得见、摸得着的人体器官、组织，强调细菌、病毒为致病因素。

西医有很多辅助检查的手段与方法，可以利用精密的、先进的仪器和设备，迅速明确地找出病因，对于病情变化快的 急性病，特别是一些细菌性、病毒性的疾病，西医对症有更好的疗效。

选择西医不要一味地追求快速康复而给孩子滥用抗生素。西药使用越多，副作用越大，譬如会伤害肝肾、脾胃等脏腑，导致皮肤过敏等，还可能造成耐药反应，影响后续的治疗效果。

与西医相比，中医又有哪些独到之处呢？

中医把人体视为一个以心为主宰、以五脏为中心的系统整体，是始终处于相对平衡状态的 有机生命体。人体的各系统通过经络相互联结，相生相克，相互调节，且与自然界的关系密切。中医强调外因、内因、不内外因为致病因素，还认为人体本身有自我防御、自我修复的功能，通过多种中医疗法调节人体阴阳平衡，激发生命体的潜能，以发挥人体自身力量来治疗疾病。

中医小常识

病因，即致病因素，分为内因、外因、不内外因三种。凡病从外来者为外因，病从内起者为内因，不属以上范围内的如意外创伤和虫兽伤害等为不内外因。

外因 以六淫为主，即风、寒、暑、湿、燥、火。

内因 以七情为主，还有痰、瘀、寄生虫等，同为重要因素。

不内外因 房室伤、金刃伤、汤火伤、虫兽伤、中毒等致病因素，既不属于内因，又不属于外因，统称为不内外因。

孩子生病了,是看中医还是看西医,妈妈们可以根据孩子不同的病情来选择。

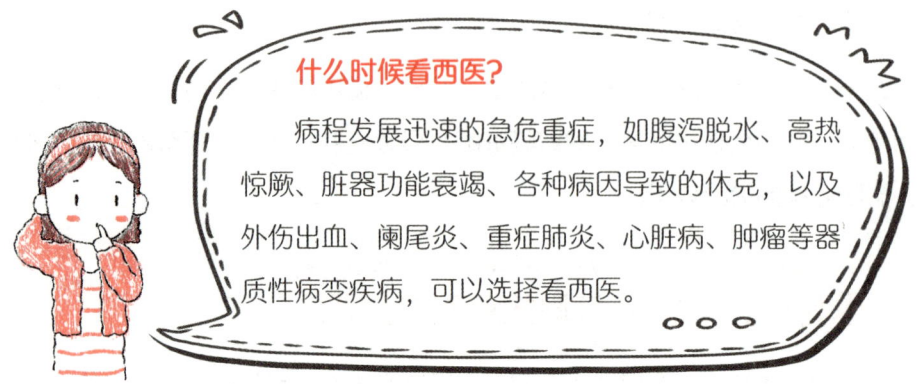

什么时候看西医?

病程发展迅速的急危重症,如腹泻脱水、高热惊厥、脏器功能衰竭、各种病因导致的休克,以及外伤出血、阑尾炎、重症肺炎、心脏病、肿瘤等器质性病变疾病,可以选择看西医。

什么时候看中医?

在临床实践中,消化不良(腹泻、便秘、厌食)、惊啼、遗尿症、抽动症、多动症、癫痫、反复呼吸道感染、过敏性疾病(如哮喘、湿疹等)、复杂慢性病(如风湿病、慢性肾炎等),中医治疗的效果要强于西医治疗。

当然,妈妈们也可以用中西医结合的思路来对待孩子的健康问题。孩子生病,一定要听从医嘱用药,在配合饮食和日常养护的基础上,再运用小儿推拿来给孩子进行综合调理,使孩子的机体内外协调,适应自然变化,增强免疫能力。

6种中医体质，辨识孩子健康状态

孩子是妈妈的心肝宝贝，是妈妈心中独一无二的存在。有些孩子一出生就很乖，吃得好，睡得香，还不爱哭闹，不用妈妈多操心；可有些孩子，日常爱哭闹，很难哄，还很爱生病，妈妈就会有疑问，是不是我家孩子体质不好呀？

从中医的角度，孩子免疫力弱、易患病的体质有多种，总的概括来说，可分为阳虚、阴虚、气虚、痰湿、血瘀、湿热6种。妈妈们可以根据各种体质的主要特点，来辨识孩子的健康状态，以便帮助孩子加强体质，对症调养。

阳虚体质的孩子较易出现腹泻。阳虚没有"火力"，水谷转化不彻底，就会经常拉肚子，最严重的是吃进去的食物还未经消化就被排泄出来了。阳虚体质的孩子还常见头发稀疏、口唇发暗、舌体胖大娇嫩、脉象沉细等症状。

 推拿穴位： 大椎、心俞、肾俞、内关和足三里。

 推荐食物： 牛羊肉、生姜、热带水果（如榴梿）。

 调养方法： 熬夜最伤阳气，阳虚体质的孩子需要早睡早起；平时多晒太阳，保持适量的运动，可以促进阳气生发，有效缓解阳虚的症状。

阴虚

阴虚体质的实质是身体内阴液不足。阴虚内热反映为胃火旺,能吃能喝,不会胖,但是形体往往紧凑精悍而肌肉却松弛。阴虚的孩子还会出现"五心烦热",即手心、脚心、胸中发热,但是体温正常。

推拿穴位: 气海、关元、足三里、三阴交和命门。

推荐食物: 黑芝麻、莲藕、银耳、鸭肉、鸡蛋、牛奶。

调养方法: 阴虚体质的孩子平时要减少肉类食物的摄入,饮食清淡,尽量避免食用辛辣、刺激性食物,保证充足的睡眠时间。

气虚

气虚以少气懒言、动则喘促、怕风自汗、神疲倦怠、食欲不振为主症。气虚体质的孩子对环境的适应能力差,遇到气候变化、季节转换就很容易感冒。冬天怕冷,夏天怕热。气虚主要表现为胃口不好,饭量小,经常腹胀,大便困难,也有胃强脾弱的情况。

推拿穴位: 神阙、气海、脾俞、中脘、阳陵泉和足三里。

推荐食物: 山药、小米、莲子、大豆、南瓜、鸡肉。

调养方法: 气虚体质的孩子可选择慢节奏的有氧运动,避免因过度运动出汗而患上热伤风。平时要少熬夜,吃饭七分饱,以细嚼慢咽为宜。

痰湿

痰湿体质的孩子多数容易发胖,而且不喜欢喝水,舌体胖大,舌苔偏厚,形体动作、说话速度显得缓慢迟钝,似乎连眨眼都比别人慢,经常胸闷、头昏脑涨、嗜睡,身体沉重,惰性较大。

推拿穴位:大椎、肺俞、脾俞、丰隆、阴陵泉。

推荐食物:白萝卜、薏苡仁、扁豆、海带、鲫鱼、冬瓜、橙子。

调养方法:痰湿体质的孩子要少吃油腻、辛辣的食物,平时要注意保暖,多进行户外运动,多晒太阳能使身体机能活跃起来。

血瘀

血瘀体质就是全身性的血液流通不畅,多形体消瘦,皮肤干燥。血瘀体质的孩子很难见到白净、清爽的面容,常表情抑郁、呆板,面部肌肉不灵活,容易健忘,而且因为肝气不舒展,还经常心烦易怒。

推拿穴位:关元、心俞、肝俞、肾俞和足三里。

推荐食物:西红柿、黑木耳、大蒜、黑豆、绿豆、山楂。

调养方法:血瘀体质的孩子在生活方面要避免熬夜,尽量保持心情舒畅,坚持多做有氧运动,有利于行气、活血、化瘀。

湿热

湿热常表现为肢体沉重，发热多在午后明显，并不因出汗而减轻。通常所说的湿热多指湿热深入脏腑，脾胃湿热，脘闷腹满，恶心厌食，舌质偏红，苔黄腻。湿热体质的孩子性情急躁、易发怒，不能忍受湿热环境。

**推拿穴位：** 胆俞、肾俞、阴陵泉。

**推荐食物：** 绿豆、赤小豆、莲子、薏苡仁、梨、柚子。

**调养方法：** 湿热体质的孩子饮食应以清淡为主，少吃辛辣和油腻的食物，平时多喝水，多泡脚，再适当增加体育锻炼，就能增强体质。

妈妈火眼金睛，孩子生病早发现

新生儿期的小宝宝不能通过语言表达内心的想法，只能依靠哭闹来表达身体状况，生病了也不能自述病情，所以儿科素有"哑科"之称。孩子不会说自己哪儿难受，但细心的妈妈可以巧用中医智慧，用望、闻、问、切这中医"四诊"观察病症，辨别孩子身体的寒热与虚实。

孩子未生病时，妈妈也不要掉以轻心，要多关注孩子的健康状况，留意孩子身体不适的"信号"，未病先防，为孩子的健康保驾护航。

望诊

❖ 望神色——五色主病，五脏配五色

面部神色是脏腑气血盛衰的外部表现，中医望诊的五色主病，五色即青、赤、黄、白、黑。孩子面色以红润而有光泽为正常，枯槁无华为不良。

青色

病因：寒证、痛证、瘀血、惊风。

主病：孩子面色白中带青，愁苦哭闹，多为里寒腹痛。面青晦暗，神昏抽搐，常见于惊风和癫痫发作。面青唇紫，呼吸急促，主肺气闭塞，气血瘀阻。

赤色

病因：多主热证，实热或虚热。

主病：孩子面红耳赤，主实热。若孩子午后颧红、手足心发热，主阴虚。两侧颧红如妆，面白肢厥，为虚阳上越。

黄色

病因：多属脾虚或脾胃湿滞。

主病：孩子面色萎黄，形体消瘦，多为脾胃失常，常见于疳证。面黄无华，脐中阵痛，夜间磨牙，为寄生虫病。面目、小便俱黄，主黄疸。孩子刚出生时的黄疸为胎黄，有生理性和病理性之别。

白色

病因：寒证、虚证。

主病：面白浮肿，为阳虚水泛。孩子面白无华，唇色指甲淡白，多为血虚。面色㿠白，为阳气不足。面色苍白，四肢厥冷，多为滑泄吐利、阳气暴脱。

黑色

病因：寒证、痛证、瘀血、水饮。

主病：面色青黑，手足逆冷，多为阴寒里证。孩子面色黑而晦暗，伴有腹痛、呕吐，多为药物或食物中毒。面色青黑晦暗，为肾气衰惫，不论新病、久病，皆属危重。若孩子面色黑红，身壮无病，是先天肾气充沛的表现。

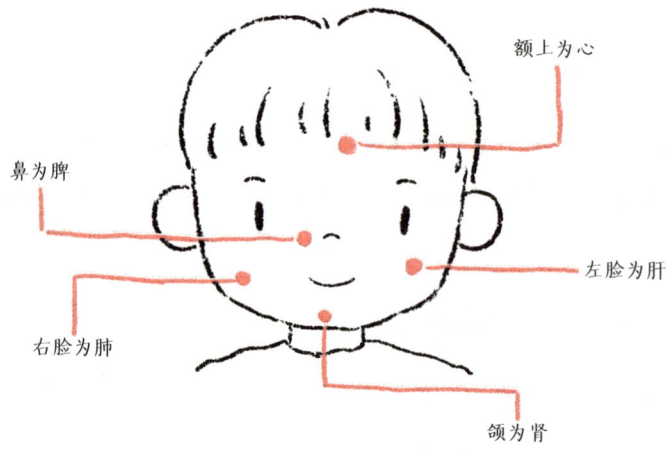

中医说，有诸内，必形于诸外。也就是说，我们可以根据颜面部器官组织的情况，来判断孩子的身体有没有生病、哪里生病了。

✧ 望形态

◎望形体

孩子头方，囟门宽大，当闭不闭，可见于五迟证（立迟、行迟、语迟、发迟、齿迟）。前囟及眼窝凹陷，皮肤干燥，可见于婴幼儿泄泻，阴伤液脱。若胸廓高耸如鸡胸，可见于佝偻病、哮喘病。肌肉松弛，皮色萎黄，多见于厌食、偏食、反复感冒。

腹部膨大，肢体瘦弱，毛发稀疏，额上有青筋显现，多属疳积。毛发枯黄，或毛发容易脱落，多为气血亏虚。

◎望动态

孩子如果喜欢俯卧，为乳食内积；喜蜷卧者，多为寒证腹痛。颈项强直，手指开合，四肢拘急抽搐，角弓反张，多为惊风。若翻滚不安，呼叫哭吵，两手抱腹，多为盘肠气痛所致。端坐喘促，喉中痰鸣，为哮喘。咳逆且鼻翼翕动，胁肋凹陷如坑，呼吸急促，为肺炎喘嗽。

✤ 审面色，察五官

◎察舌

孩子正常的舌体应是柔软、淡红润泽、伸缩自如，舌面有干湿适中的薄苔。舌体胖嫩，舌边齿痕显著，为脾肾阳虚，痰湿内停。舌体肿大，色青紫，为气血瘀滞。舌体僵硬，多为热盛伤津。

急性热病中出现舌体短缩，舌干绛者，则为热盛津伤。吐舌不收，为心气将绝。时时用舌舔口唇，为脾经伏热所致。

舌质：正常舌质淡红。舌起粗大红刺，状如草莓者，常见于猩红热。

舌苔：苔黄腻为湿热内蕴，或乳食内积。舌苔剥脱，状如地图，为胃气阴不足。若舌苔厚腻，伴便秘腹胀者，为宿食内积。

◎察目

黑睛等圆，目珠灵活，目光有神，开合自如，是肝肾气血充沛。睡觉时白睛外露，为脾虚气弱。眼睑下垂不能提起，为气血两虚。两目呆滞迟钝，是肾精不足，或惊风先兆。眼膜中有蓝斑，多为有寄生虫。

◎察鼻

长期鼻流浊涕，气味腥臭，为肺经郁热犯鼻。鼻翼翕动，伴气急喘促，为肺气闭郁。

◎察口

察唇：唇色樱红，为暴泻伤阴。面颊潮红，口唇周围苍白，为猩红热。

察口：口疮，为心脾积热。口内白屑成片，为鹅口疮。两颊黏膜有针尖大的白点，周围红晕，为麻疹黏膜斑。

察咽喉：咽红，扁桃体红肿疼痛，为外感风热或胃火上炎。扁桃体大而不红，肥大，为瘀热或气虚。咽痛微红，有灰白色假膜，不容易拭去，为白喉。

◎察耳

孩子的耳郭丰厚红润，表示先天肾气充沛。

耳郭薄软，耳舟不清，为先天肾气未充。

以耳垂为中心的腮部肿痛，为痄腮所致。

✤ 其他

◎察二阴

孩子的肛门潮湿红痛，多属尿布皮炎。

男宝阴囊不松不紧为神气充沛。若阴囊松弛，多为体虚或发热。阴囊中睾丸肿大、透亮不红，为水疝。阴囊中有物下坠，时大时小，上下可移，为狐疝。

女宝前阴潮红灼热，常见于湿热下注，或蛲虫病。

◎辨斑疹

疹细小，状如麦粒，潮热3～4天出疹，口腔颊黏膜出现麻疹黏膜斑者为麻疹。皮疹细小，呈浅红色，身发热不高，常见于风疹。皮肤红如锦，发热，舌绛如草莓，常见于猩红热。丘疹、疱疹、结痂并见，疱疹内有水液色清，见于水痘。斑丘疹大小不一，如云出没，瘙痒难忍，常见于荨麻疹。

◎察二便

新生儿出生后3～4天内，大便呈黏稠糊状，褐色，无臭气，为胎粪。单纯母乳喂养之婴儿大便呈卵黄色，稠而不成形，稍有酸臭气。米泔水样便为疳积。

◎察小儿食指络脉

小儿食指络脉是指孩子食指虎口内侧的桡侧面所显露的一条脉络，自虎口向指端，按指节依次分为风、气、命三关。

在光线充足的地方，一手捏住孩

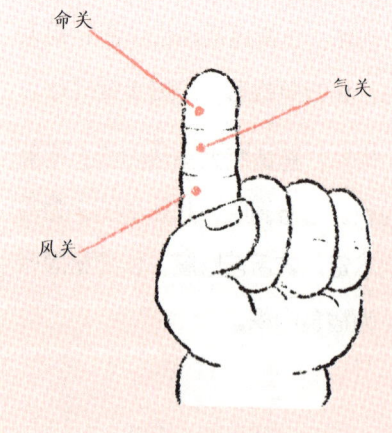

子的食指，用另一手拇指桡侧，从孩子食指段命关到风关，用力地推几下，络脉即显露。

络脉在风关是邪浅病轻，络脉达气关是感邪较重，络脉透命关则病尤重。若络脉透过风、气、命三关，一直延伸指端者，即所谓"透关射甲"，提示病情危重。正常络脉红黄相兼，不浮不沉，隐隐现于风关之内。络脉浮现明显者，多为病邪在表；络脉沉而不显者，多为病邪在里。络脉色鲜红者，多外感风寒；络脉色紫红者，多为热证；络脉色青者主风，主惊，主痛；络脉色紫黑者，多为血络瘀闭，病情危重。络脉细而浅淡者，多属虚证；络脉粗而浓滞者，多属实证。

观察
小儿食指络脉的口诀：
浮沉分表里，
红紫辨寒热；
淡滞定虚实，
三关测轻重。

闻诊

啼哭声

孩子因饥饿引起的啼哭多绵长无力，口做吮乳状。腹痛引起的多哭声尖锐，忽缓忽急，时作时止。肠套叠引起的哭声多尖锐阵作，伴呕吐及果酱样或血样大便。夜卧啼哭，睡眠不安，白天如常者，多为夜啼。

呼吸声

孩子正常的呼吸应均匀调和。若呼吸稍促，用口呼吸者，常因鼻塞所致。呼吸急迫，甚则鼻翕、咳嗽频作者为肺气闭郁。呼吸窘迫，面青不咳或呛咳，常为异物堵塞气道。呼吸微弱及吸气如哭泣样，为肺气欲绝。

咳嗽声

咳声嘶哑如犬吠者，常见于白喉、急喉风。连声咳嗽，夜咳为主，咳而呕吐，伴鸡鸣样回声者，为百日咳。

语言声

孩子高声尖叫，多为剧痛所致。谵语妄言，声高有力，兼神志不清，为热闭心包的征象。

闻气味

孩子口气秽臭,多为肺胃积热,伤食积滞,浊气上蒸。口气腐臭,兼脓痰带血,多属肺痈。大便气味酸腐,多因伤食。大便臭气不明显,完谷不化,多为脾肾虚寒。小便气味臊臭,多因湿热下注。小便清长如水,多属脾肾阳虚。呕吐物酸腐,多因食滞化热。呕吐物臭秽如粪,多因肠结气阻、秽粪上逆所致。

问诊

问寒热

孩子发热持续,热势嚣张,面黄苔厚,多为湿热蕴滞。夏季高热,持续不退,伴有无汗、口渴、小便多,秋凉后自平,往往是夏季热。夜间发热,腹壁、手足心热,胸腹满闷,食欲不振者,多为内伤乳食之证。

问头身

肢体瘫痪不用、强直屈伸不利,为硬瘫,多为风痰入络,血瘀气滞。肢体痿软,不能屈伸,为软瘫,多因肝肾两虚,筋骨失养。

问二便

便时哭闹不安,多为腹痛。

问饮食

腹部胀满,食欲不振甚至拒食,或兼呕吐、恶心,为乳食内积。能食而消瘦,或嗜食异物,多为疳证、虫证。

问睡眠

睡眠不宁,辗转反侧、喜俯卧者,多为气血失和,胃弱疳积;睡中磨齿,或因虫积,或因胃气失和,肝火内盛;夜寐不宁,肛门瘙痒,多为蛲虫病。入夜因惊恐而难以入睡,多为心经失养,心神不宁。睡中惊惕,讲梦话者,多为肝旺扰神,或胃不和而卧不安。睡中露睛,多为久病脾虚。

切诊

✤ 脉诊

孩子脉象，分浮、沉、迟、数、有力、无力六种。数以成人一息6～7至为度，5至以下为迟，7至以上者为数。

✤ 按诊

◎ 按头囟

囟门隆凸，按之紧张，为囟填，多为风火痰热上攻、肝火上亢、热盛生风。囟门凹陷，为囟陷，常因阴津大伤。若见头颅骨软者，为气阴虚弱、精亏骨弱。颅骨按之不坚而有弹性，多为维生素D缺乏性佝偻病。颅骨开解、头缝增宽、囟门宽大者，多为解颅，多属肾虚髓弱、脾虚失调所致。

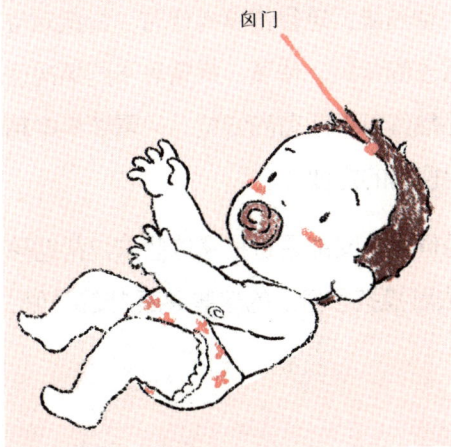

囟门

◎ 按颈、腋

孩子在颈项、腋下部位可触及少数绿豆大的淋巴结，活动自如，无疼痛，不为病态。左侧前胸心尖搏动处，古称虚里，是宗气汇聚之所。搏动太强，节律不匀，为宗气内虚外泄。若搏动过速，伴喘促，大多是因为宗气不能上接。胸廓高耸如鸡胸，后背凸如龟背，是为骨疳。

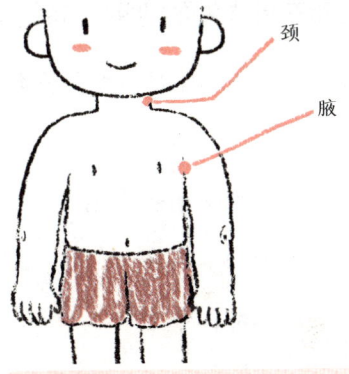

颈

腋

◎ 按四肢

高热时四肢厥冷的现象中医称为"热深厥亦深"，为真热假寒的表现。

◎ 按皮肤

孩子皮肤发热，但是身上不出汗，多因热闭于内，毛孔不得开合，汗液不得外泄。皮肤干燥，没有光泽，没有弹性，多为吐泻阴伤之证。

02

孩子身上的健康"按钮",妈妈多触摸

《千金翼方》中记载:"凡诸孔穴,名不徒设,皆有深意。"

孩子身上的特定穴位与成人不尽相同。穴位的形状呈现点、线、面状。穴位大多数分布在身体头面和四肢,特别是双手居多,故有"小儿百脉汇于两掌"之说。

小儿穴位疗法的命名特点有三类。

以经络脏腑名称命名	心经穴、脾经穴、大肠经穴、肾经穴等
以解剖部位命名	四横纹穴、掌小横纹穴、天柱骨穴等
以人体部位命名	五指节穴、脐、腹、脊等

了解这些穴位命名的依据,有助于在推拿过程中准确掌握这些穴位的位置。

中医学博大精深,小儿推拿入门容易,精通难。进行推拿操作时,每次穴位刺激所需的操作时间和次数,要根据每个孩子的年龄、体质、病情等不同情况而决定,因人而异,因病而异。新手妈妈不必熟练掌握所有的穴位,只需要集中精力了解孩子的常见病和保健方法,就能满足日常的需要了。

经络穴位既能告诉我们孩子的身体是否健康,又能通过推拿这些穴位帮助孩子疗疾祛病。妈妈们一起来慢慢探索,试着去触摸孩子身上的这些健康"按钮"吧。

妙手取穴，掌握孩子身体的健康密码

穴位是人体脏腑、经络、气血输注于体表的部位，是疾病的反应点，也是治疗的刺激点。宝宝身体幼小，特定穴位又有别于成人，无疑给新手妈妈找穴增加了难度。下面介绍一些简单易行的找穴方法，正在学习小儿推拿的妈妈照着做，穴位就能找得到，找得准！

手指度量法

利用自身手指作为测量穴位的尺度，中医称为"同身寸"。"手指同身寸取穴法"是小儿推拿中最简便、最常用的取穴方法。"同身"，即同一个人的身体。人有高矮胖瘦，不同的人的手指尺寸长短也不一样。因此，在找孩子身上的穴位时，要以孩子自身的手指作为参照物，切勿用大人的手指去测量。

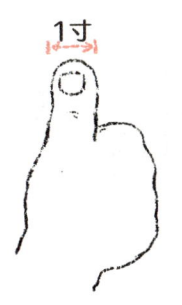
大拇指
指幅横宽

食指和中指
二指指幅横宽

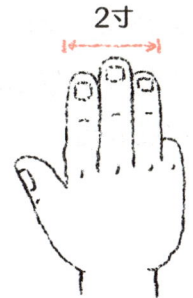
食指、中指和无名指
三指指幅横宽

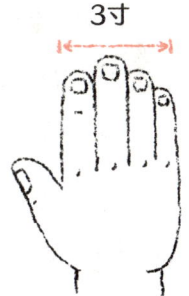
食指、中指、无名指和小指四指指幅横宽

身体度量法

利用身体部位作为简单的参考度量，中医称为"骨度分寸"，如眉间（印堂穴）到前发际正中为3寸，两乳头之间为8寸。

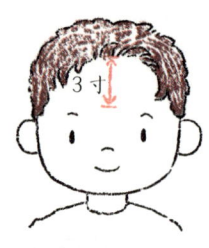
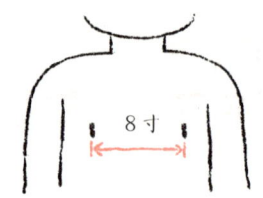

体表标志参照法

固定标志：常见判别穴位的标志有眉毛、乳头、指甲、趾甲、脚踝等，如神阙位于腹部脐中央，膻中位于两乳头中间。

动作标志：需要做出相应的动作、姿势才能显现的标志，如张口取耳屏前凹陷处即为听宫穴。

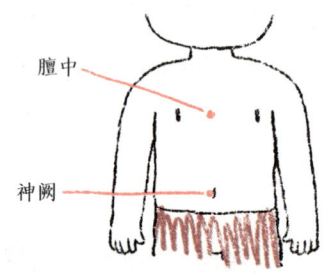

感知找穴法

在给孩子做推拿的时候，用手指压一压，捏一捏，摸一摸，如果触摸时有硬结，孩子反映出有痛感、痒等感觉，或触摸部位与周围的皮肤有温度差异如发凉、发烫，或皮肤出现黑痣、斑点，那么这个地方就是你所要寻找的穴位。

日常带娃 Tips

妈妈学习推拿初期如若对找穴位没把握，可以先尝试着对穴位所在的区域进行抚触调理。孩子感觉疼痛的部位，或者按压时有酸、麻、胀、痛等感觉的部位，可以作为"阿是穴"治疗。

阿是穴一般在病变部位附近，也可在距离病变部位较远的地方。在和孩子互动的过程中，妈妈会接收到孩子即时反馈的信号，譬如按到哪里会舒服、哪里会疼，都能从孩子即时的反应中看出来，多试几次就能找到准确位置了。

小儿推拿宜忌，宝爸宝妈要牢记

在进行小儿推拿前，家长要根据孩子的不同身体状况选取正确的穴位，以便于手法操作和孩子舒适为原则，选择合适的体位。一般3岁以下的孩子可由家人抱着操作，3岁以上可单独采取坐位、仰卧位、俯卧位或侧卧位等操作。

小儿推拿手法的注意事项

推拿前

孩子状态：孩子过饥或过饱时，均不利于推拿疗效的发挥。因此，在孩子哭闹之时，要先安抚好孩子的情绪再进行推拿。

环境选择：首先须营造一个安静、温暖（室温28℃左右）且舒适的环境与氛围。应选择避风、避强光、噪声小的地方。

清洁手部：推拿前妈妈要摘下首饰，洗净双手，剪短指甲，以免操作时误伤小宝宝。

搓热孩子的手掌：推拿前让孩子自己搓热双手，可提高推拿的疗效。

介质准备：家庭推拿一般可使用按摩油或爽身粉、滑石粉等介质，可起到润滑的作用，以防推拿时孩子的皮肤受损。

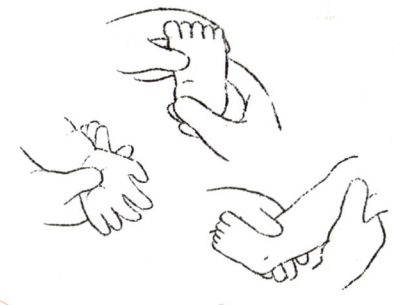

推拿中

小儿推拿手法的操作顺序：一般先头面部，次上肢，再胸腹腰背，最后是下肢；也可先重点，后一般，或先主穴，后配穴。

在临床实践中，推法、揉法运用较多，摩法用的时间较长。拿、掐、捏、捣等强刺激手法，除急救以外，一般放在最后操作，以免孩子哭闹不安，影响推拿的进行。

运用掐法、按法时，手法要重、

少、快。如果仅按摩一侧手部穴位，不论男女，均可按摩左手。

姿势适当：在施行手法时要注意孩子的体位姿势，原则上以使孩子舒适为宜，能消除其恐惧感，同时还要便于操作。

明确诊断：小儿推拿治疗前，必须有明确的诊断。每次给孩子推拿最好只针对一种病症，如果保健和治疗目的太多、推拿的穴位太杂，会影响最终效果。

力道平稳：小儿推拿手法的基本要求是均匀、柔和、轻快、持久。力道不应忽轻忽重，宜平稳、缓慢进行。

时间恰当：一般情况下，小儿推拿一次总的时间为 10～20 分钟。年龄大、病情重，推拿次数可增多，时间相对长，反之，次数少，时间短。一般每日 1 次，重症每日 2 次。

做保健性推拿时，针对不同的体质，可以进行每日 1 次或隔日 1 次的规律性推拿，并且要以孩子的状态来决定时间长短，不必盲目强求。

日常带娃 Tips

小儿推拿是以改善体质为目的的中医保健方法，并非包治百病。在推拿过程中，孩子的身体出现不适，请及时停止；若孩子出现高烧不退、严重感染、重度呕吐、腹泻不止等机体功能紊乱状态，需要送孩子及时就医对症治疗。

推拿后

注意适量补水：推拿完让孩子喝 300～500 毫升温开水，可促进新陈代谢，有排毒的效果。

注意保暖：推拿后要注意避风，忌食生冷。若要清洁孩子身上的介质，应当使用温水将手、脚洗净，并且双脚要注意保暖。

避免剧烈运动：推拿后适当静养休息，不可进行剧烈运动，以利于经络平稳运行，达到较好的推拿效果。

小儿推拿的次数

推拿次数，是指运用手法在穴位上操作的次数。适当的次数能使疾病很快痊愈，若次数少就起不到治疗作用，次数过多则无益甚至有害。《推拿三字经》曰："大三万，小三千，婴三百，加减良。"

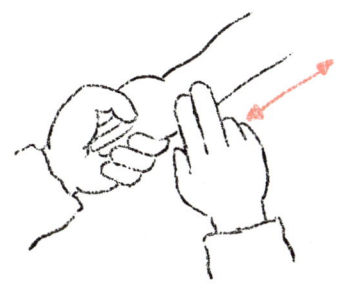

小儿推拿的频率，应以每分钟150～200次为宜

小儿推拿的补泻手法

方向补泻法：在穴位上做向心性方向直推为补，离心性方向直推为泻。推五经时，旋推为补，直推为泻。顺着经脉走向操作为补，逆着经脉走向操作为泻。使用摇法和推法时，向里为补，向外为泻。在穴位上来回推，或左右各推半数，为平补平泻。

快慢补泻法：操作频率缓慢者为补，操作频率快急者为泻。

次数补泻法：次数多、时间长而轻柔的手法为补法，次数少、时间短而较重的手法为泻法。

轻重补泻法：手法轻重，指在穴位上操作时用力的大小。轻手法为补，重手法为泻。

小儿推拿的适应证及禁忌证

小儿推拿的适应证

呼吸系统疾病，如小儿感冒、咳嗽、支气管哮喘等。

消化系统疾病，如婴幼儿腹泻、小儿腹痛、呕吐、疳积、厌食等。

泌尿系统疾病，如小儿遗尿、膀胱湿热等。

其他疾病，如惊风、夜啼、脊髓灰质炎等。

小儿推拿的禁忌证

急性传染病，如水痘、肝炎、肺结核、猩红热等。

各种恶性肿瘤的局部和极度虚弱的危重病及严重的心脏、肝脏、肾脏病等。

各种皮肤病患处及皮肤破损处，如烧伤、烫伤等。

出血性疾病，如大便出血、尿血等。

骨与关节结核、化脓性关节炎、骨折早期和截瘫初期等。

学会推拿基础手法，"手"护孩子健康成长

小儿推拿基础手法众多，不同的穴位可以搭配不同的手法进行操作。这里为妈妈们简单介绍一些常用的小儿推拿基础手法，妈妈学会之后徒手就可以守护孩子的健康。

推法

直推法：用拇指、食指或中指任一手指指腹在皮肤上做直线推动。

分推法：用双手拇指指腹按在穴位上，向穴位两侧方向推动。

旋推法：用拇指指腹在皮肤上做顺逆时针推动。

手法要领：力度由轻至重，速度由慢至快。对初次接受治疗者须观察反应，随时调节力度和速度。

✧ 按法

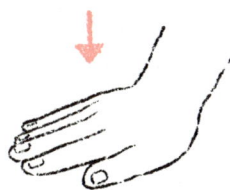

用手指或手掌在身体某处或穴位上用力向下按压。

手法要领：按压的力量要由轻至重，力度要均匀，不可突然用力等。

✧ 捏法

用拇指和食、中两指相对，挟提皮肤，双手交替捻动，向前推进。

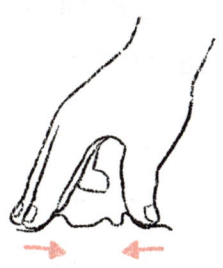

手法要领：力度可轻可重，速度可快可慢。单、双手操作均可。

✧ 揉法

用指端或大鱼际或掌根或手肘，在穴位或某一部位上做顺逆时针方向旋转揉动。

手法要领：手指和手掌应紧贴皮肤，不能移动，而皮下的组织被揉动，幅度可逐渐扩大。

✧ 运法

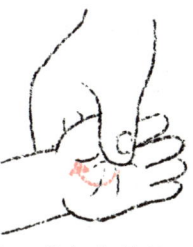

以拇指或食指的螺纹面着力，附着在施术部位或穴位上，做由此穴向彼穴的弧形运动，或在穴位的周围做周而复始的环形运动。

手法要领：宜轻不宜重，宜缓不宜急，要在体表旋转摩擦推动。

✧ 掐法

用拇指、中指或食指在身体某个部位或穴位上，做深入并持续的掐压。

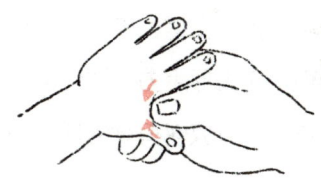

手法要领：力度须由小到大，使其作用力由浅到深。

✧ 搓法

用双手在肢体上相对用力进行搓动的一种手法。

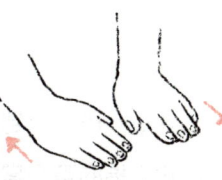

手法要领：频率一般 30～50 次/分，搓动速度开始时由慢而快，结束时速度应由快而慢。

✣ 摩法

用手指指腹或手掌在身体某一部位或穴位上，做皮肤表面顺、逆时针方向的回旋摩动。

手法要领：指或掌不要紧贴皮肤，在皮肤表面做回旋性的摩动，作用力温和而浅，仅达皮肤与皮下。

✣ 掌法

用拇指与食指、中指或其他手指相对做对应钳形用力，捏住某一部位或穴位，做收放或持续的揉捏动作。

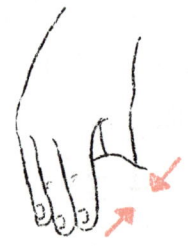

手法要领：腕放松灵活，要由轻到重，再由重到轻。力量集中于指腹和手指的整个掌面。

✣ 擦法

用手指或手掌或大、小鱼际在皮肤上进行直线来回摩擦的一种手法。

手法要领：在操作时多用介质润滑，防止皮肤受损。以皮肤发红为度，切忌用力过度。

✣ 摇法

以关节为轴心，做肢体顺势轻巧的缓慢回旋运动。

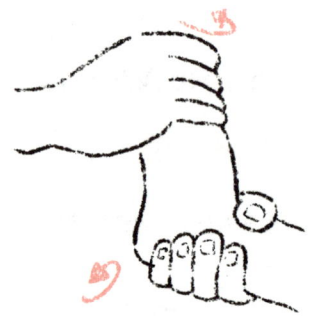

手法要领：摇动的动作要缓和稳妥，速度要慢，幅度应由小到大，并要根据病情，适可而止。

孩子身上的这些特效"按钮",妈妈一按就灵

《黄帝内经》曰:"经脉者,所以能决生死,处百病,调虚实,不可不通。"

人体是以五脏(心、肝、脾、肺、肾)为中心,配以六腑,通过经络联络全身的一个有机整体。经络如同上天赐予我们的神秘宝藏,而经络上那密密麻麻的穴位,则是启动人体健康之门的特效"按钮"。

妈妈需要做的,是找到孩子身上这些深藏不露的小"按钮",坚持推拿按摩,改善孩子的体质,祛除体内污浊之气,使经络畅通,气血旺盛,孩子就能吃得好、睡得香、拉得净、长得快、身体棒!

头面部穴位

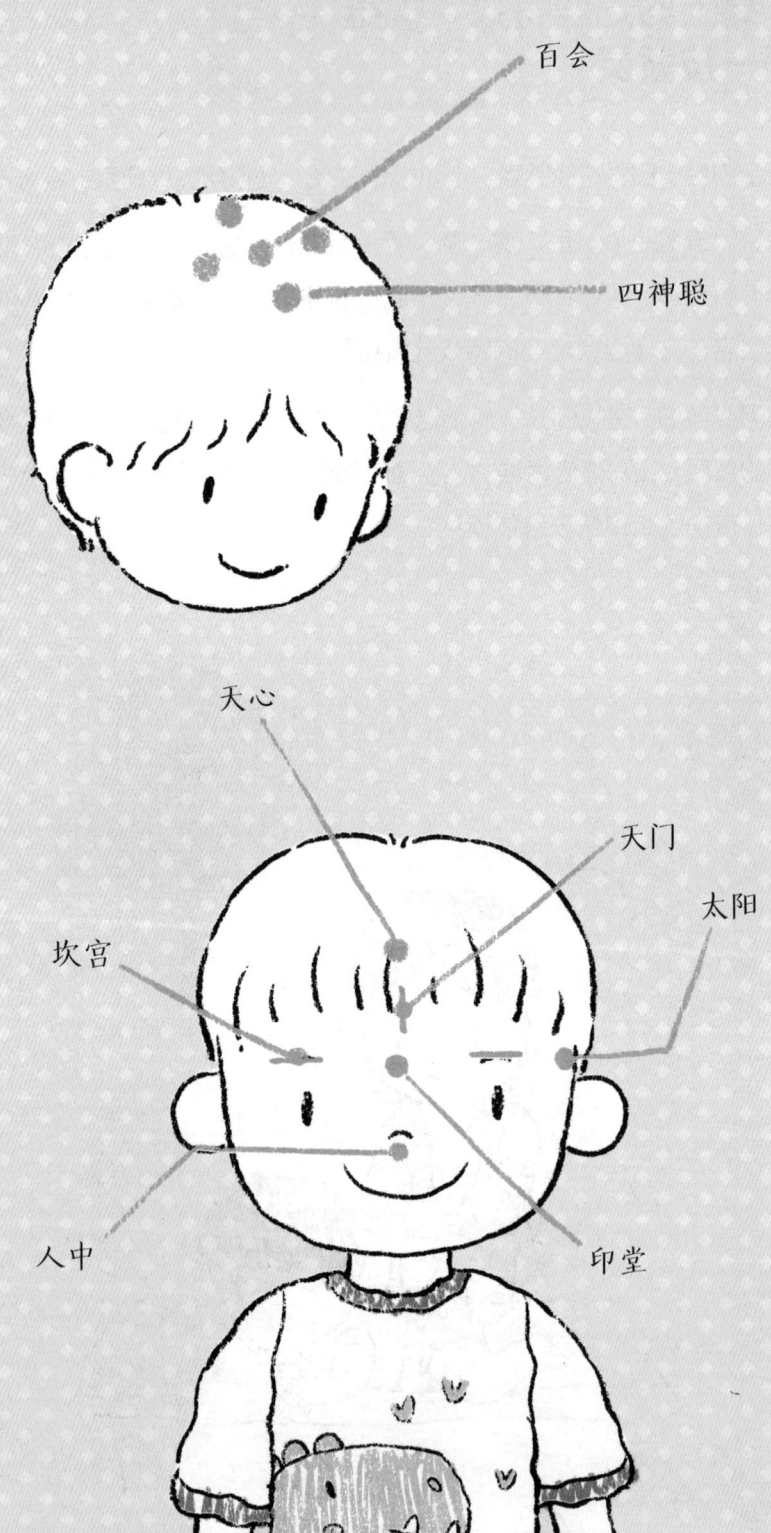

穴位名称	穴位定位	作用功效	推拿方法
天门	位于两眉中间至前发际成一直线	发汗解表	用拇指指腹从眉心推至前发际，力度由轻至重，速度适中，以额头皮肤微微发红为度。常规推拿300～500次
坎宫	位于眉心至两眉梢成一横线	疏风解表、醒脑明目、止头痛	用两手拇指自眉心向眉梢分向推动，力度适中，以眉心微微发红为度。常规推拿300～500次
天心	位于额头正中，头发的下方部位	疏风解表、安神镇惊	用拇指指腹按住天心，沿顺、逆时针方向依次揉按，各2分钟。由轻至重，每日2次
印堂	位于额部，两眉头之中间	通鼻疏风，宁心安神	用拇指指腹点揉印堂穴，再用拇指指甲逐渐加重力度掐按印堂穴。常规点揉10次，掐按5次
人中	位于面部，人中沟的上1/3与下2/3交点处	醒神开窍急救穴	用一手拇指指尖掐按人中穴，力度稍重，每次连续0.5～1秒为佳。常规推拿，掐按20～40次
太阳	位于颞部，眉梢与目外眦之间，向后约一横指的凹陷处	清肝明目、通络止痛，可缓解头痛、视觉疲劳	用拇指指腹紧贴太阳穴，沿顺时针方向揉按，力度轻柔和缓，切勿突然用力。常规推拿200～300次
百会	位于头部，前发际正中直上5寸，或两耳尖连线的中点处	开窍醒脑、回阳固脱	用一手手掌按在头顶中央的百会穴，沿顺、逆时针依次揉按，力度轻柔，每日2～3次。常规推拿50次
四神聪	位于头顶部，百会前后左右各1寸，共四穴	安神醒脑止头痛	用食指沿着四个神聪穴依次揉按一圈，计为一次，力度由轻至重。常规推拿200～300次

续表

穴位名称	穴位定位	作用功效	推拿方法
承浆	位于面部,颏唇沟的正中凹陷处	可有效治疗多种口腔病症	用食指指尖在承浆穴上由轻至重向下按压,持续一段时间,再慢慢放松。常规推拿30~50次
睛明	位于面部,目内眦角稍上方凹陷处	泄热明目、祛风通络	用拇指、食指分别按在鼻梁两侧的睛明穴上,用力提拿睛明穴,有节奏地一紧一放。常规提拿20次
承泣	位于面部,瞳孔直下,当眼球与眼眶下缘之间	散风清热、明目止泪	用拇指指腹稍用力点按在承泣穴上,先后沿顺、逆时针方向揉按,力度适中,各按2次
四白	位于面部,瞳孔直下,眶下孔凹陷处	祛风明目通经络	用拇指指腹稍用力点按在四白穴上,先后沿顺、逆时针方向揉按,力度适中
鱼腰	位于额部,瞳孔直上,眉毛中	镇惊安神通经络	将拇指指腹放于鱼腰穴上,先后沿顺、逆时针方向揉按。常规推拿50次
迎香	位于鼻翼外缘中点旁,鼻唇沟中	祛风通窍、理气止痛	用中指指腹垂直按压在迎香穴上,先后沿顺、逆时针方向揉按,各1~3分钟,力度由轻至重,每天2次
丝竹空	位于面部,眉梢凹陷处	清头明目、散骨镇惊	用拇指指腹垂直按压在丝竹空穴上,沿着顺时针的方向揉按,力度逐渐加重。常规揉按2分钟
瞳子髎	位于面部,目外眦旁,眶外侧缘处	平肝息风、明目退翳	用一手拇指指腹按住瞳子髎穴,先后沿顺、逆时针方向揉按,各20次,力度由轻至重
阳白	位于前额部,瞳孔直上,眉上1寸	清头明目、祛风泄热	用一手拇指按住阳白穴,先后沿顺、逆时针方向揉按,力度由轻至重,各揉按20次

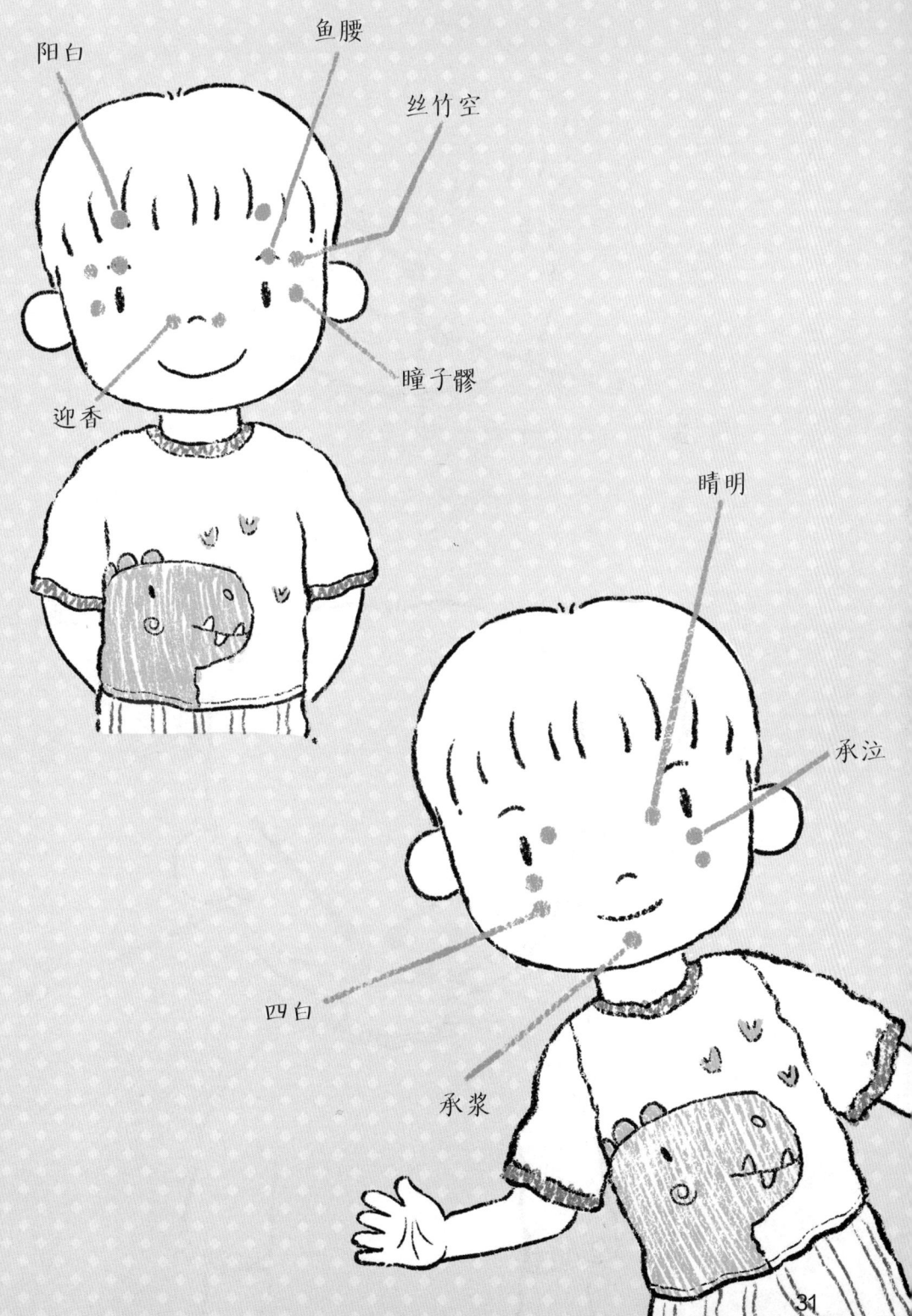

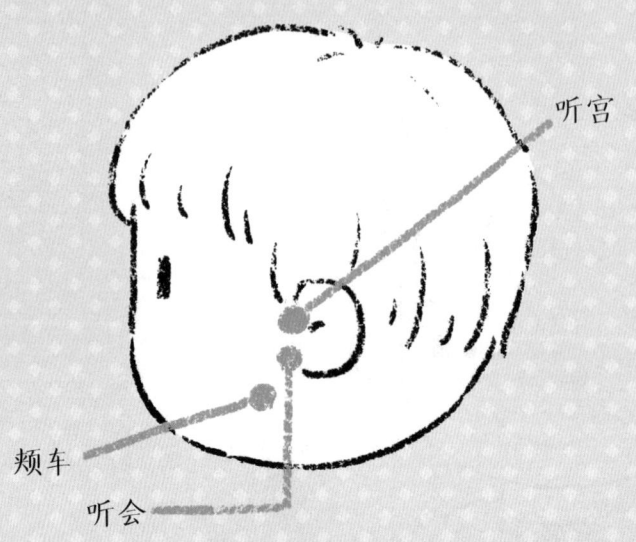

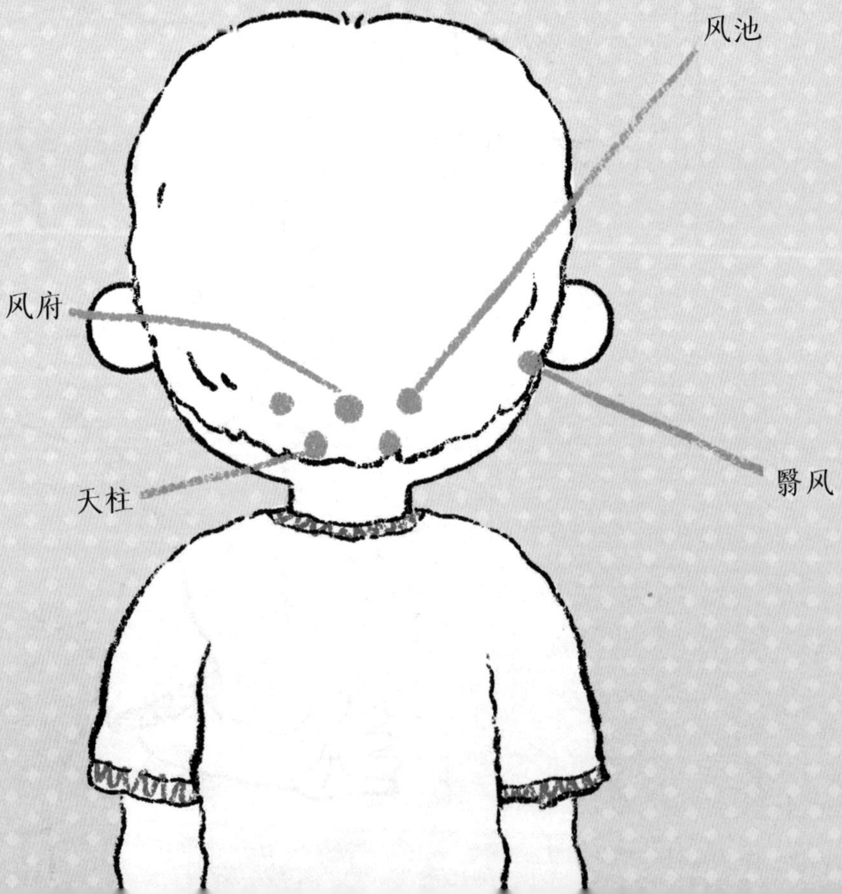

续表

穴位名称	穴位定位	作用功效	推拿方法
颊车	位于面颊部,下颌角前上方一横指,当咀嚼时咬肌隆起,按之凹陷处	祛风清热、开关通络	用一手拇指指腹平伏按于颊车穴后,以均衡的压力抹向耳后,然后点按在颊车穴上,沿顺时针的方向揉按。常规推抹20次,揉按20次
听宫	位于面部,在耳屏前,下颌骨髁状突的后方,张口时呈凹陷处	聪耳开窍治耳鸣	用拇指指腹在听宫穴上用力按压,持续一段时间,再慢慢放松
听会	位于面部,耳屏间切迹的前方,下颌骨髁突的后缘,张口有凹陷处	开窍聪耳通经络	用拇指指腹用力按压听会穴,持续一段时间,再慢慢放松
天柱	位于项部,大筋外缘,后发际凹陷中,后发际正中旁开1.3寸	祛风解表、清头明目、强筋骨	用拇指指腹自上而下直推天柱穴,力度由轻至重,以宝宝能承受为宜,速度适中。常规推拿100~200次
风府	位于项部,后发际正中直上1寸,枕外隆凸直下,两侧斜方肌凹陷中	通关开窍散湿热	用拇指指腹按在风府穴上,沿顺逆时针方向揉按,力度逐渐加重,每日2~3次。每次沿顺时针、逆时针方向各揉按30次
风池	位于项部,枕骨之下,与风府相平,胸锁乳突肌与斜方肌上端之间的凹陷处	发汗解表治项强	用拇指、食指指腹用力拿捏风池穴,有节奏地一紧一放,称拿捏风池。常规推拿20次
翳风	位于耳垂后方,乳突与下颌角之间的凹陷处	聪耳通窍治耳疾	用拇指指腹在翳风穴上用力向下按压,使患部有一定压迫感后,持续一段时间,再慢慢放松。常规推拿200~300次

续表

穴位名称	穴位定位	作用功效	推拿方法
乳旁	位于乳头外侧旁开0.2寸	祛风止咳吐	用手掌按在乳旁穴上(不要紧贴皮肤),沿顺时针的方向做回旋摩动。常规推拿200~300次
胁肋	从腋下两胁到肚脐旁边2寸的天枢穴处	顺气化痰消食积	以一手手掌掌面从腋下推到天枢穴,力度适中,以宝宝能承受为宜。常规推拿50~100次
肚角	位于脐下2寸,旁开2寸的大筋上	健脾和胃、理气消滞	将拇指指腹按压在肚角穴上,沿顺时针的方向揉按,力度适中。常规推拿80~100次
膻中	位于胸部,前正中线上,平第四肋间,两乳头连线的中点	宽胸膈、降气通络	用双手拇指指腹从膻中穴向两边分推至乳头处,力度适中,以皮肤微微发热为度。常规推拿200~300次
天突	位于颈部,前正中线上,胸骨上窝中央	降逆止呕、通利肺气	将食指、中指合并,用两指指腹沿顺时针方向揉按天突穴,力度适中。常规揉按200~300次
乳根	位于胸部,乳头直下,乳房根部,第五肋间隙,距前正中线4寸	化痰止咳除胸闷	将食指、中指合并,以两指指腹点按在乳根穴上,沿顺时针的方向揉按,力度轻柔。常规揉按200~300次
中脘	位于上腹部,前正中线上,脐中上4寸	健脾养胃、疏利水湿	用手掌紧贴中脘,与穴位之间不能移动,而皮下的组织要被揉动,幅度逐渐扩大。常规揉按100~200次
神阙	位于腹中部,脐中央	温补元阳、健运脾胃、复苏固脱	把手掌放在神阙穴上手掌不要紧贴皮肤,在皮肤表面沿顺时针方向做回旋性摩动。常规摩动100~200次
气海	位于下腹部,前正中线上,脐中下1.5寸	益气助阳、止腹痛	合并食指、中指,用两指指腹按压在气海穴上,沿顺时针方向揉按,力度适中。常规揉按80~100次
天枢	位于腹中部,横平脐中,距前正中线2寸	消食导滞治痢疾	将拇指指腹按压在天枢穴上,沿顺时针方向揉按,力度轻柔。常规揉按80~100次

胸腹部穴位

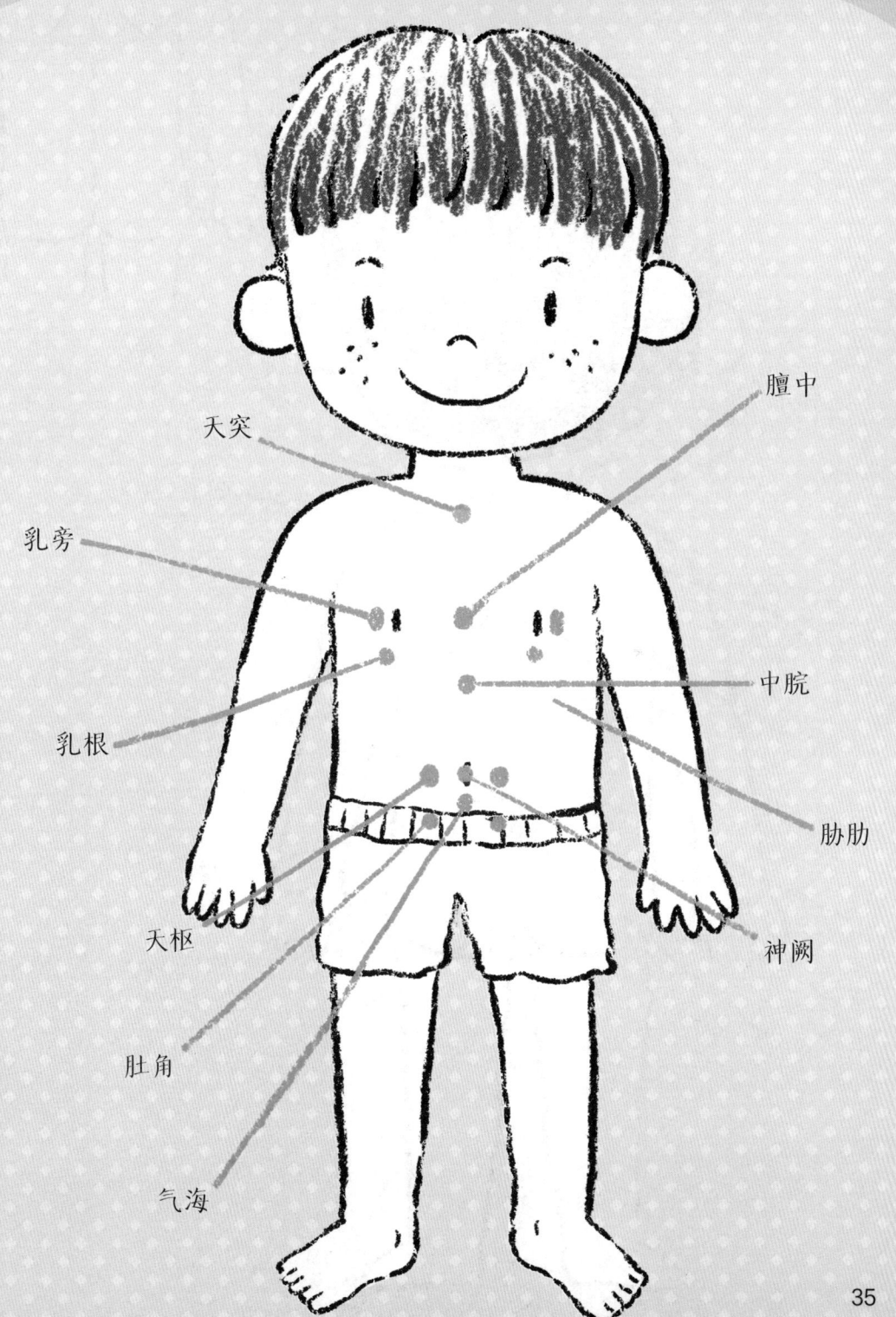

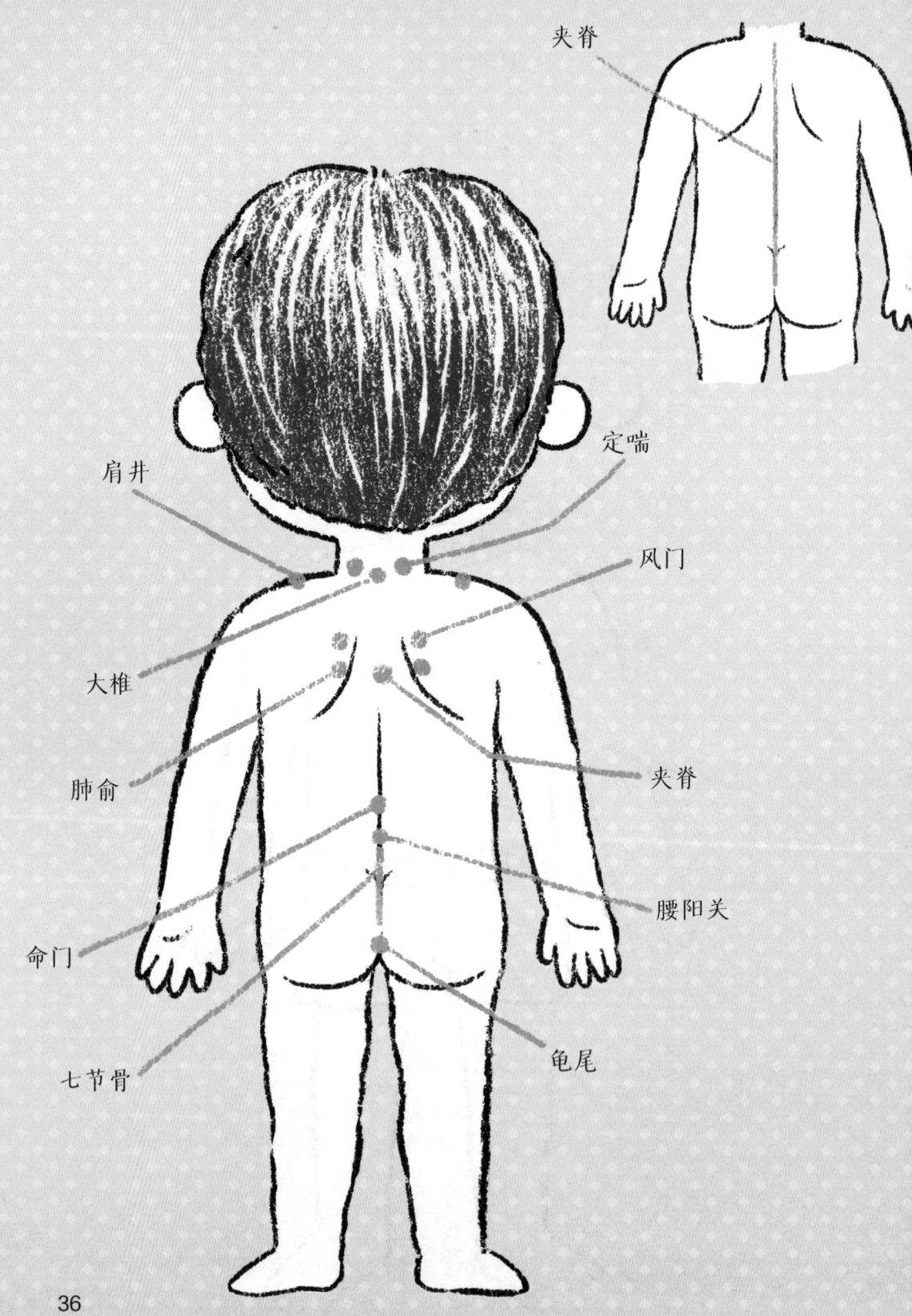

续表

穴位名称	穴位定位	作用功效	推拿方法
定喘	位于背部,第七颈椎棘突下,旁开0.5寸	治疗咳嗽、喘逆	用拇指指端按压在定喘穴上,沿顺时针方向回旋揉动,力度由轻至重再至轻。常规按揉50~100次
龟尾	位于尾骨端下,尾骨端与肛门连线的中点处	通调督脉之经气、止泻通便	用拇指指端按压在龟尾穴上,沿顺时针方向回旋揉动,力度由轻至重再至轻。常规揉动100~300次
七节骨	位于第四腰椎至尾椎骨端,成一直线的地方	止泻通便、双向调节	合并食指、中指,用两指指腹按压七节骨穴,自上而下,再自下而上来回推动,力度轻柔。常规推动100~300次
夹脊	位于大椎至龟尾之间,成一直线	调整阴阳、通理经络,促进气血运行,改善脏腑功能	用两指指腹自上而下直推夹脊,再挟提脊柱两侧的皮肤,称为捏脊。直推100~300次,挟提推进3~5次
肩井	位于肩上,前直乳中,大椎与肩峰端连线中点上	改善肩部血液循环、发汗解表	用拇指与食指、中指相对呈钳形用力,拿捏住肩井穴持续揉捏,力度由轻至重,再由重至轻。常规拿捏100~200次
大椎	位于后正中线上,第七颈椎棘突下的凹陷中	清热解表治感冒	用拇指和食、中两指相对,挟提大椎穴双手交替捻动,向前推进,力度由轻至重。常规挟提推进100次
风门	位于背部,第二胸椎棘突下,旁开1.5寸	祛风、治风寒感冒	合并食指、中指,用两指指腹按压在风门穴上,沿顺时针方向揉按,力度适中即可。常规揉按20~30次
肺俞	位于背部,第三胸椎棘突下,旁开1.5寸	解表宣肺、清热理气	用拇指指端点按肺俞穴,依次沿顺、逆时针方向揉按,力度由轻至重,再由重至轻。常规揉按50~100次
命门	位于腰部,后正中线上,第二腰椎棘突下凹陷中	温肾壮阳消水肿	用拇指指端按压在命门穴上,沿顺时针方向回旋揉动,力度由轻至重再至轻,手法连贯。常规点按50~100次
腰阳关	位于腰部,后正中线上,第四腰椎棘下凹陷中	补肾强腰治遗尿	用拇指指端按压在腰阳关穴上,沿顺时针方向回旋揉动,力度由轻至重再至轻。常规按揉50~100次

续表

穴位名称	穴位定位	作用功效	推拿方法
心俞	位于背部，第五胸椎棘突下，旁开1.5寸	宽胸理气、通络安神	用拇指指端按压在心俞穴上，沿顺时针方向做回旋揉动，力度一般由轻至重再至轻。常规按揉20~30次
肝俞	位于背部，第九胸椎棘突下，旁开1.5寸	疏肝利胆、理气明目	用拇指指端点按肝俞穴，依次沿顺、逆时针方向揉按，力度由轻至重，再由重至轻。各按揉10~30次
胆俞	位于背部，第十胸椎棘突下，旁开1.5寸	疏肝利胆、清利湿热、治黄疸	用拇指指端点按胆俞穴，依次沿顺、逆时针的方向揉按，力度由轻至重，再由重至轻。各按揉50~100次
脾俞	位于背部，第十一胸椎棘突下，旁开1.5寸	健脾和胃、升清利湿	用拇指指端点按脾俞穴，依次沿顺、逆时针的方向揉按，力度由轻至重，再由重至轻。各按揉50~100次
胃俞	位于背部，第十二胸椎棘突下，旁开1.5寸	健脾和胃、降逆和中	用拇指指端按压在胃俞穴上，沿顺时针方向回旋揉动，力度一般由轻至重再至轻。常规按揉50~100次
肾俞	位于腰部，第二腰椎棘突下，旁开1.5寸	调补肾气、通利腰脊、治遗尿	用拇指指端点按肾俞穴，沿顺、逆时针依次按揉，力度由轻至重再至轻。各按揉10~30次
大肠俞	位于腰部，第四腰椎棘突下，旁开1.5寸	理气降逆、调和肠胃、治腹泻	用拇指指端按压在大肠俞穴上，沿顺时针方向回旋揉动，力度由轻至重再至轻。常规按揉50~100次
八髎	位于骶椎，共八个穴位，分别在第一至第四骶后孔中	疏通气血、温补下元、治便秘	用手掌小鱼际横擦小儿的八髎穴，由上至下反复擦拭，力度、速度适中，手法连贯，以皮肤微红为度。常规横擦20~30次
关元	位于下腹部，前正中线上，脐中下3寸	培补肾气、减少尿床	合并食指、中指，用两指指腹按压在关元穴上，沿顺时针方向揉按，力度适中。常规揉按80~100次

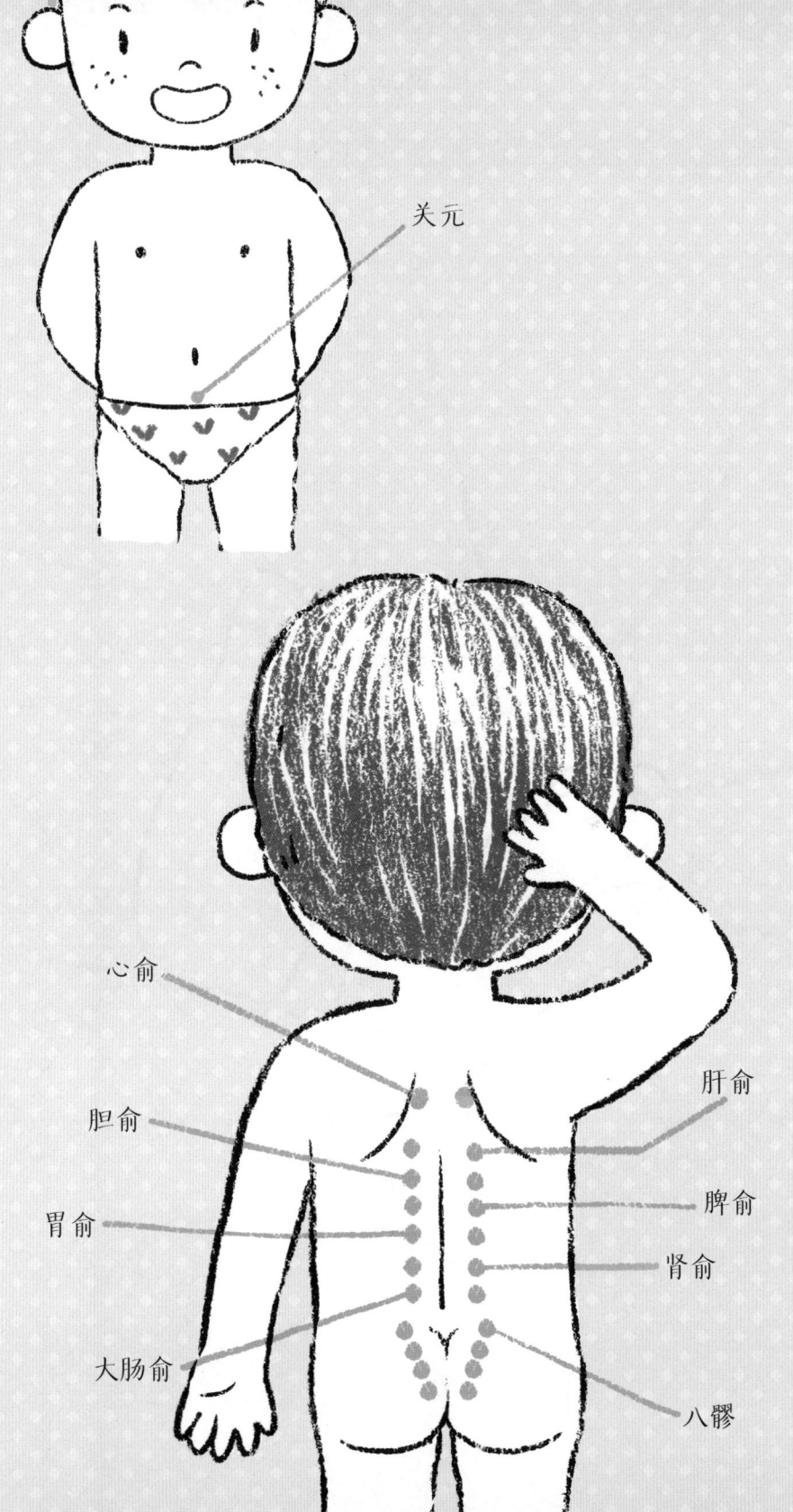

上肢部穴位

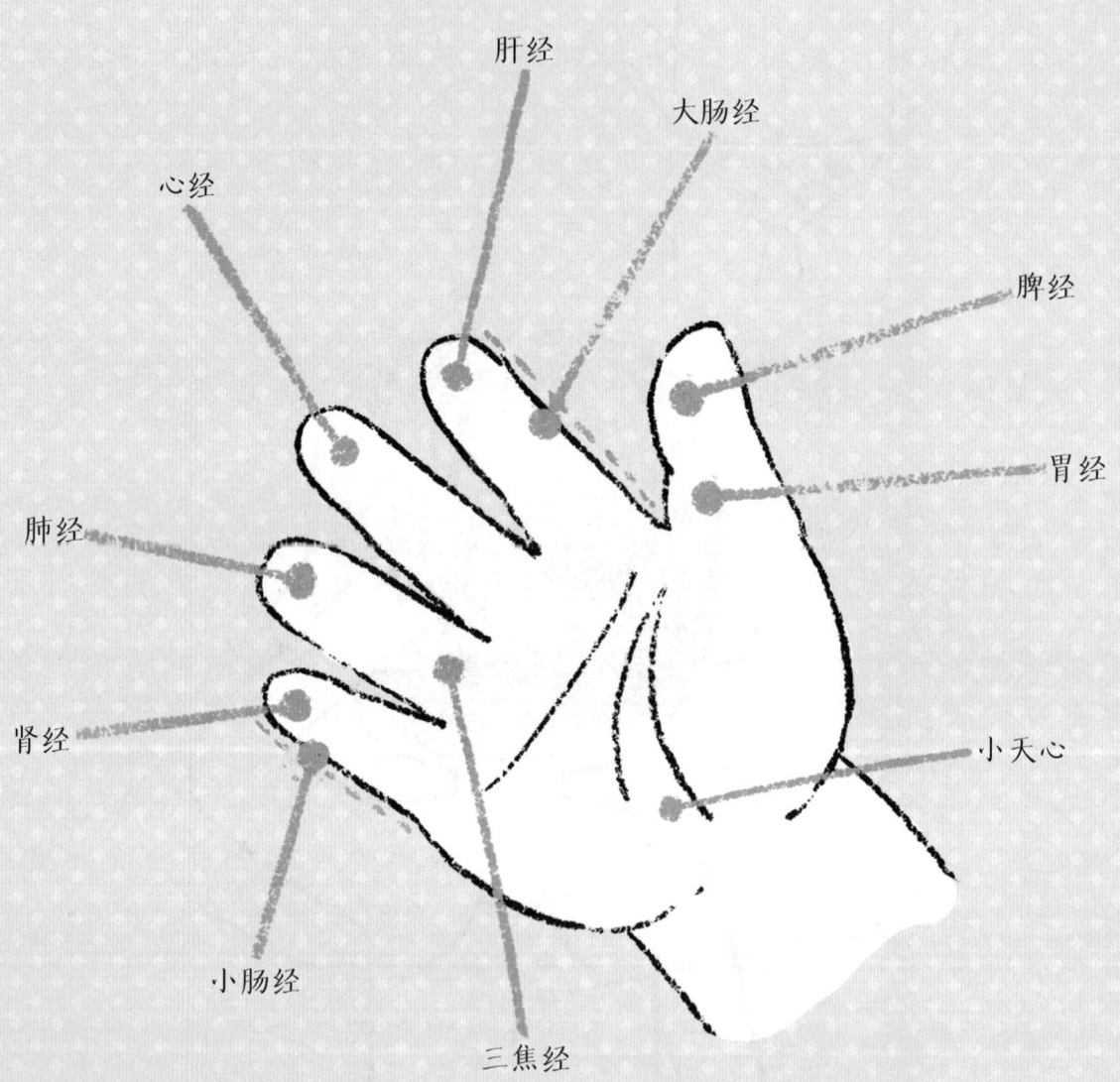

续表

穴位名称	穴位定位	作用功效	推拿方法
肺经	位于无名指末节螺纹面	宣肺清热	用拇指指腹沿顺时针方向旋转揉动无名指末节螺纹面称为补肺经，直推称为清肺经。常规推拿100～500次
脾经	位于拇指桡侧缘或拇指末节螺纹面	健脾养胃治疳积	将拇指屈曲，沿拇指螺纹面旋推称为补脾经，循拇指桡侧直推为泻脾经，手法连贯。常规推拿100～500次
心经	位于中指末节螺纹面	补益心气、宁心安神、退高热	一手托住宝宝的手掌，用另一手拇指螺纹面沿顺时针方向揉动宝宝中指螺纹面。常规揉按100～500次
肝经	位于食指末节螺纹面	息风镇惊止抽搐	用拇指螺纹面沿顺时针方向揉动宝宝的食指螺纹面称为补肝经，直推称为清肝经。常规推拿100～500次
肾经	位于小指末节螺纹面	补肾益脑治遗尿	一手托住宝宝的手掌，用另一手拇指螺纹面沿顺时针方向揉动宝宝小指螺纹面为补肾经，直推称为清肾经。用补法为多。常规推拿100～500次
胃经	位于拇指掌侧第一节	和胃降逆泻胃火	用拇指螺纹面沿顺时针方向揉动胃经，称为补胃经，直推称为清胃经。二者统称推胃经。手法连贯，常规推拿100～500次
大肠经	位于食指桡侧缘，自食指尖至虎口，成一直线	清利肠腑导积滞	一手托住宝宝的手掌，用另一手拇指螺纹面从宝宝的虎口直线推向食指指尖为清，称清大肠；反之为补，称补大肠。常规推拿100～500次
小肠经	位于小指尺侧缘，自指尖至指根成一条直线	温补下焦治遗尿	一手托住宝宝的手掌，用另一手拇指指腹从宝宝指尖推向指根为补，称为补小肠经，反之为清。二者统称推小肠经。常规推拿100～300次
三焦经	位于无名指掌面近掌节	和胃助运治腹胀	用拇指指甲掐按三焦经3～5次，再以拇指指腹按压三焦经向掌心方向推按，最后以拇指指端沿顺时针方向揉按三焦经。常规推拿50～100次
小天心	位于大小鱼际交界处凹陷中，内劳宫之下，总筋之上	镇惊安神止抽搐	一手持宝宝四指，使掌心向上，另一手的食指、中指指端揉按小天心，再用拇指指甲逐渐用力掐按此穴，手法连贯。常规推拿100～300次

续表

穴位名称	穴位定位	作用功效	推拿方法
大横纹	位于仰掌腕掌侧横纹,近拇指端称阳池,近小指端称阴池	行滞消食 治腹胀	用双手拇指从宝宝大横纹中点,由总筋向两旁推,称为分阴阳;自阳池、阴池向总筋合推,称为合阴阳。统称推阴阳。常规推拿200~300次
小横纹	位于掌面上食指、中指、无名指、小指掌关节横纹处	清热散结 治口疮	用拇指指甲逐渐用力掐按小横纹,称为掐小横纹。再用拇指指腹侧推小横纹,称为推小横纹。力度适中,手法连贯。常规推拿50~100次
内八卦	位于以掌心为圆心,以圆心至中指根横纹的2/3处为半径所做的圆周内	宽胸降气 利平喘	用食指、中指两指指腹按压在掌心上,沿顺时针的方向运揉,称顺运内八卦;反之,称逆运内八卦,力度适中。常规推拿100~500次
板门	位于手掌大鱼际表面(双手拇指近侧,在手掌肌肉隆起处)	健脾和胃 治腹胀	用拇指指端揉按宝宝大鱼际,称为揉板门或运板门。沿顺时针方向揉,再用推法自指根推向横纹,力度适中。常规推拿100~300次
总筋	位于掌后腕横纹中点,正对中指处	散结止痉 治惊风	用拇指指端揉按总筋,称为揉总筋,沿顺时针的方向操作。再用拇指指甲掐此穴,称为掐总筋。常规推拿50~100次
肾顶	位于小指顶端	固表止汗 治汗多	一手托住宝宝手掌,掌心向上,用另一手拇指指端沿顺时针方向按揉宝宝小指顶端,称为揉肾顶,力度适中。常规推拿100~500次
内劳宫	位于手掌心,第二、第三掌骨之间偏于第三掌骨,握拳屈指时中指尖处	清热除烦 治口疮	一手持宝宝的手,另一手拇指指腹按压在内劳宫上,沿顺时针的方向揉按,力度适中,手法连贯,以有酸胀感为宜。常规推拿100~300次

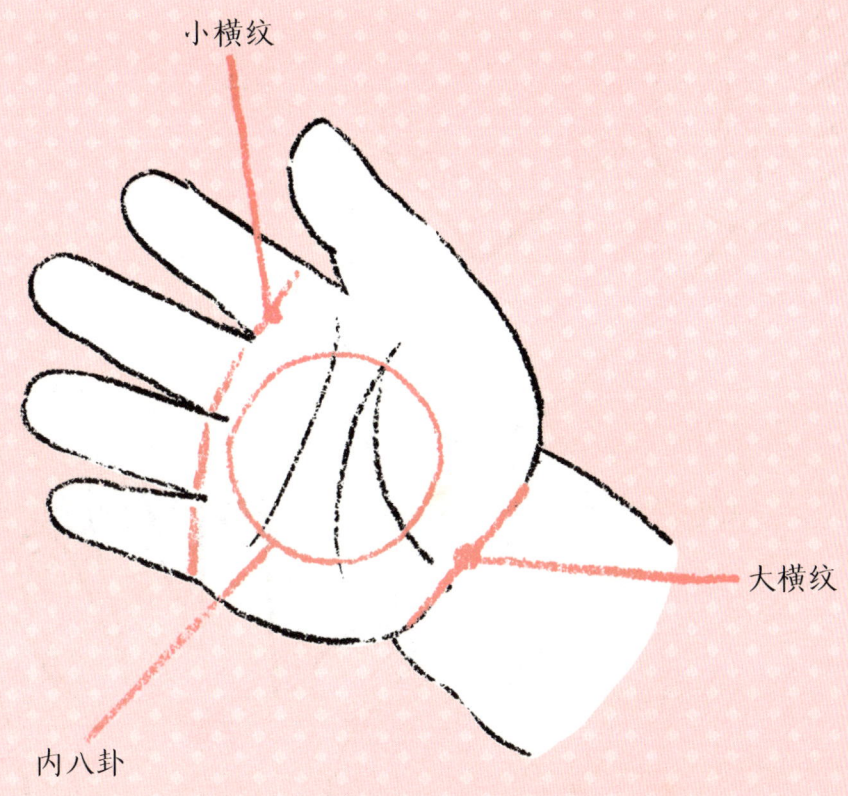
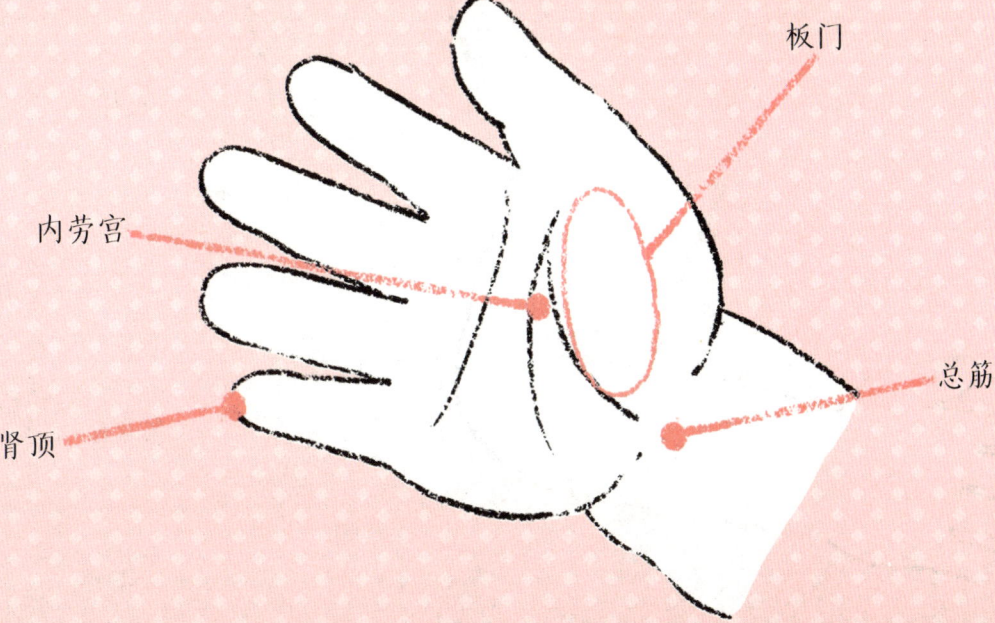

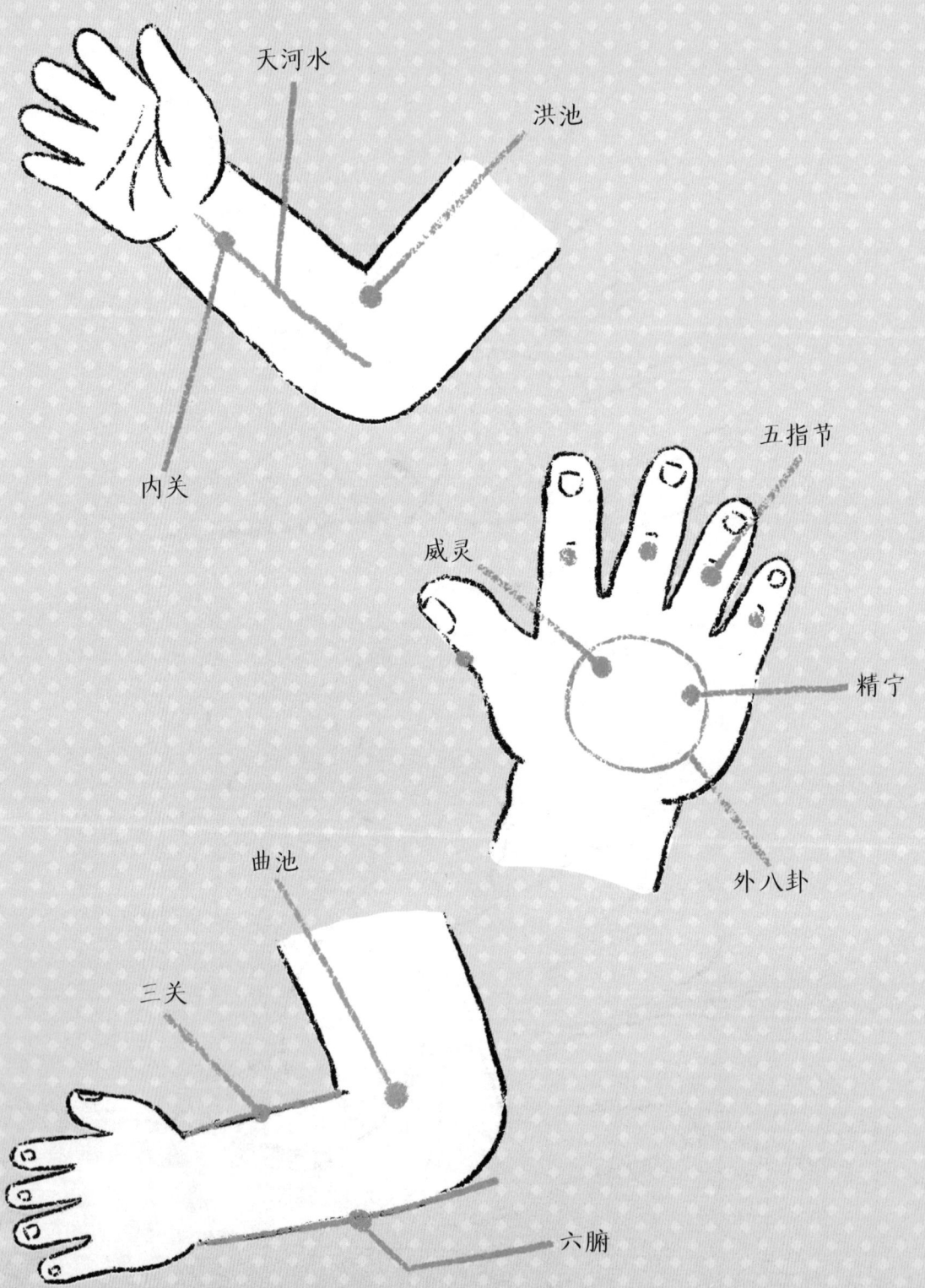

续表

穴位名称	穴位定位	作用功效	推拿方法
天河水	位于前臂正中,自腕至肘成一直线	清热、解表、除烦	用食指、中指指腹从手腕推向手肘,称为清天河水。再用食指、中指从总筋开始,一起一落地弹打至肘部,称为打马过天河。常规推拿100~500次
六腑	位于前臂尺侧,阴池至肘,成一直线	清热解毒治多汗	用拇指指腹自腕推向肘,称为退六腑或推六腑。力度由轻至重,再由重至轻。常规推拿100~300次
三关	位于前臂桡侧,阳池至曲池成一直线之处	温阳散寒防感冒	一手托住宝宝的手腕,用另一手的食指、中指指腹从宝宝手腕推向肘部,称为推三关。常规推拿100~300次
洪池	位于肘关节内侧,肘横纹中点	调和气血止痹痛	用拇指按在洪池穴上,沿顺时针方向揉按,力度由轻而重,再由重而轻。常规推拿100~300次
内关	位于前臂掌侧,曲泽与大陵的连线上,腕横纹上2寸	补益心气、宁心安神、缓解心痛、心悸、呕吐	一手握宝宝的手,掌心向上,用另一手拇指指端沿顺时针的方向揉按内关穴,力度适中,手法连贯,以有酸胀感为宜。常规推拿100~500次
外八卦	位于手背外劳宫周围,与内八卦相对的地方	宽胸理气助散结	使宝宝的掌心向下,用拇指指尖沿顺时针方向按揉外八卦,称顺运外八卦。沿逆时针方向按揉外八卦,则称逆运外八卦。常规推拿50~100次
五指节	位于掌背面五指的第一关节处	安神镇惊通关窍	用拇指尖端依次从掌背面拇指第一关节处掐至小指,力度适中,手法连贯。常规推拿200~300次
威灵	位于手背,第二、第三掌骨交缝处	醒神开窍治昏厥	用拇指指甲掐按威灵穴,称为掐威灵。再用拇指指端沿顺时针的方向按揉威灵穴,称为揉威灵。揉法要稍用力,速度宜快。常规推拿100~200次
曲池	位于肘横纹外侧端,屈肘,当尺泽与肱骨外上髁连线中点	解表退热治感冒	使宝宝的手自然平放于身侧,用拇指指腹按压在宝宝曲池穴上,沿顺时针的方向揉按,力度适中,手法连贯,以有酸胀感为宜。常规推拿100次
精宁	位于手背,第四、第五掌骨交缝处	行气化痰治咳嗽	用拇指指甲掐按精宁穴,称为掐精宁。用拇指指端沿顺时针的方向按揉精宁穴,称为揉精宁。揉时要稍用力,速度宜快。常规推拿100~200次

续表

穴位名称	穴位定位	作用功效	推拿方法
一窝风	位于手背腕横纹正中凹陷处	温中行气 止痹痛	一手握宝宝的手，掌心向下，用另一手拇指指端以顺时针的方向揉按一窝风穴。常规推拿100～300次
膊阳池	位于前臂背侧，阳池与肘尖的连线上，腕背横纹上3寸，尺骨与桡骨间	解表利尿 止头痛	一手握宝宝的手，使之掌心向下，用另一手拇指指甲重掐膊阳池。再用拇指指端沿顺时针的方向揉按此穴。常规推拿50～100次
外劳宫	位于手背侧，第二、第三掌骨之间，掌指关节后0.5寸（指寸）	通经活络 止痹痛	一手持宝宝的手，另一手拇指指端按压在其外劳宫上，沿顺时针的方向揉按，再用拇指指甲逐渐用力掐按外劳宫，力度适中，手法连贯。常规推拿100～300次
少商	位于手拇指末节桡侧，距指甲角0.1寸（指寸）	清热泻火 治肺热	用拇指指甲掐按少商穴，称为掐少商。常规推拿100～300次
商阳	位于手食指末节桡侧，距指甲角0.1寸（指寸）	清热泻火 治疟疾	用拇指指甲重掐商阳穴，称为掐商阳。常规推拿100～300次
合谷	位于手背，第一、第二掌骨间，当第二掌骨桡侧的中点处	镇静止痛 通经络	一手握宝宝的手，使其手掌侧置，桡侧在上，用另一手拇指指甲重掐合谷穴。再用拇指指端沿顺时针的方向揉按此穴。常规推拿50～100次
外关	位于前臂背侧，阳池与肘尖的连线上，腕背横纹上2寸，尺骨与桡骨间	补阳益气 止痹痛	一手握宝宝的手，掌心向下，再用另一手拇指指端沿顺时针的方向揉按外关穴，力度稍重，手法连贯。常规推拿100～500次
列缺	位于前臂桡侧缘，桡骨茎突上方，腕横纹上1.5寸，肱桡肌与拇长展肌间	止咳平喘 治肺病	用拇指指腹旋转揉按或用指端弹拨列缺穴，力度适中，手法连贯，以有酸胀感为宜。常规推拿50～100次

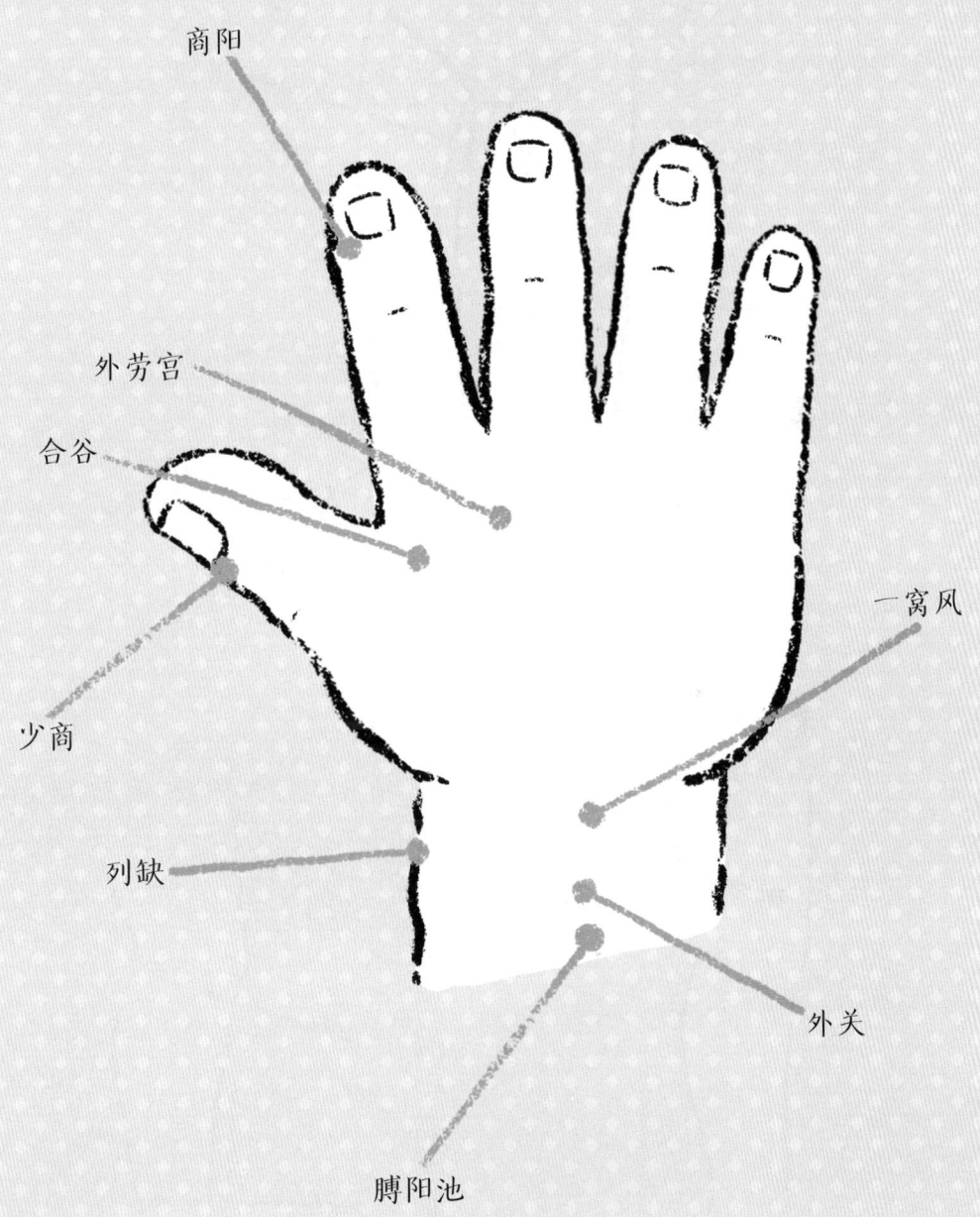

下肢部穴位

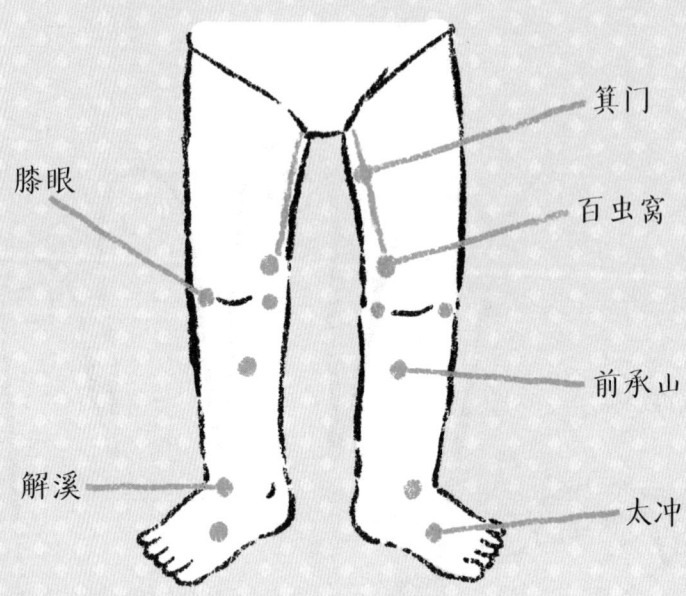

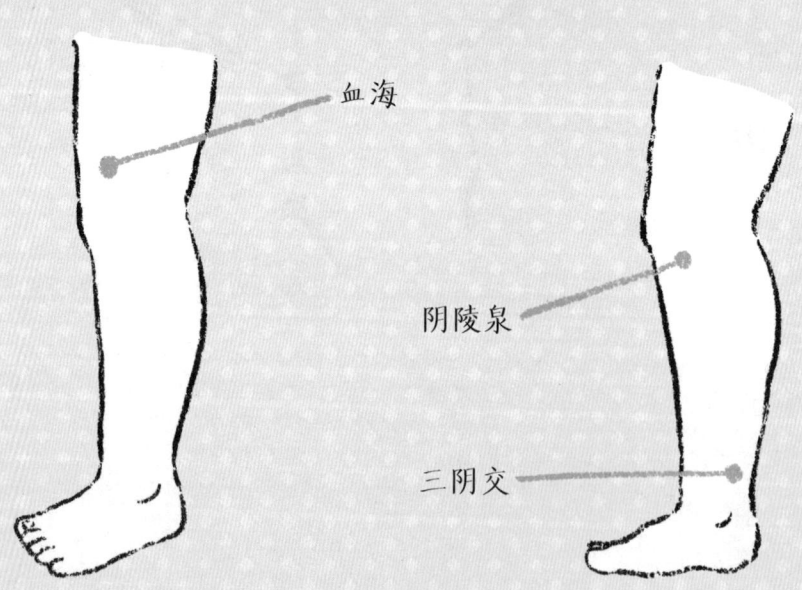

续表

穴位名称	穴位定位	作用功效	推拿方法
百虫窝	位于膝上内侧肌肉丰厚处	治虫邪	用拇指指腹按在百虫窝上,沿顺时针的方向揉按,力度适中。常规推拿50~100次
前承山	位于小腿胫骨旁,与后承山相对	镇惊止抽	用拇指指甲按在前承山上,做持续又深入的掐压。然后用拇指指腹按压此穴,沿顺时针的方向揉按。常规推拿200~300次
太冲	位于足背侧,第一跖骨间隙的后方凹陷处	疏肝养血清下焦	先伸直拇指,以拇指指腹按揉太冲穴,再用拇指指腹推揉太冲穴,力度适中。常规推拿100~300次
膝眼	屈膝,位于髌韧带两侧凹陷处,内侧凹陷称为内膝眼,外侧凹陷称为外膝眼	活血通络利关节	用拇指指端点按在膝眼穴上,由外向内揉按,力度由轻至重,再由重至轻,手法连贯。常规推拿此穴100~300次
解溪	位于足背与小腿交界处的横纹中央凹陷中,拇长伸肌腱与趾长伸肌腱之间	清胃安神疗腹泻	将拇指指尖放于解溪穴上,重掐穴位,手法连贯。常规掐按3~5次
箕门	位于大腿内侧,膝盖上缘至腹股沟,成一条直线	清热利尿治腹泻	用食指、中指两指从腹股沟部推至膝盖内侧上缘。常规推拿100~300次
阴陵泉	位于小腿内侧,胫骨内侧髁后下方凹陷处	健脾理气利水湿	用拇指点按在阴陵泉上,沿顺时针的方向揉按,着力由轻至重再至轻,手法连贯。常规推拿200~300次
三阴交	位于小腿内侧,足内踝尖上3寸,胫骨内侧缘后方	调和气血通经络	用拇指指腹按压在三阴交穴上,沿顺时针的方向揉按,再沿逆时针的方向揉按。常规推拿100~300次
血海	屈膝,位于大腿内侧,髌底内侧端上2寸,股四头肌内侧头的隆起处	活血化瘀健脾胃	用拇指指腹旋转按揉血海穴,力度由轻至重,再由重至轻,以皮肤微微发热发红为度,手法连贯。常规推拿50~100次

续表

穴位名称	穴位定位	作用功效	推拿方法
阳陵泉	位于小腿外侧,腓骨头前下方凹陷处即是	清热利湿 治痿痹	用食指、中指点按阳陵泉,沿顺时针的方向揉按,着力由轻至重再至轻,可缓解抽筋。常规推拿100~300分钟
丰隆	位于小腿前外侧,外踝尖上8寸,条口穴外,距胫骨前缘二横指(中指)	化痰平喘 和胃气	用拇指指腹按压在丰隆穴上,沿顺时针的方向揉按,再沿逆时针的方向揉按,力度适中,手法连贯。常规推拿200~300次
上巨虚	位于小腿前外侧,犊鼻下6寸,距胫骨前缘一横指(中指)	通经活络 调肠胃	用拇指指腹用力按压上巨虚1下,然后沿顺时针的方向揉按3下,称"一按三揉",为1次。常规推拿100~300次
足三里	位于小腿前外侧,犊鼻下3寸,距胫骨前缘一横指	通络导滞 治腹泻	用拇指指腹按压足三里穴1下,再沿顺时针方向揉按3下,称"一按三揉",为1次。常规推拿50~100次
仆参	位于足外侧部,外踝后下方,昆仑直下,跟骨外侧缘,赤白肉际处	舒筋活络 安神志	用拇指指甲放于仆参穴上重掐,力度适中。常规推拿100~300次
委中	位于腘横纹中点,股二头肌肌腱与半腱肌肌腱中间	息风止痉 治惊风	用拇指沿顺时针方向揉按委中穴,力度由轻至重。常规推拿200~300次
后承山	位于小腿后方,委中与昆仑之间,当足跟上提腓肠肌肌腹下的尖角凹陷处	通经活络 止抽搐	将手指端嵌入后承山穴所在的软组织缝隙中,然后横向拨动该处的筋腱,再旋转按揉此穴。力度适中,手法连贯。常规推拿10~30次
涌泉	位于足底部,蜷足时足前部凹陷处,约当足底第二、三趾趾缝纹头端与足跟连线的前1/3与后2/3交点上	散热生气 治失眠	用拇指指腹按压在涌泉穴上,用力向足趾方向推。然后将拇指指端按压在此穴上揉按。常规推拿100~300次

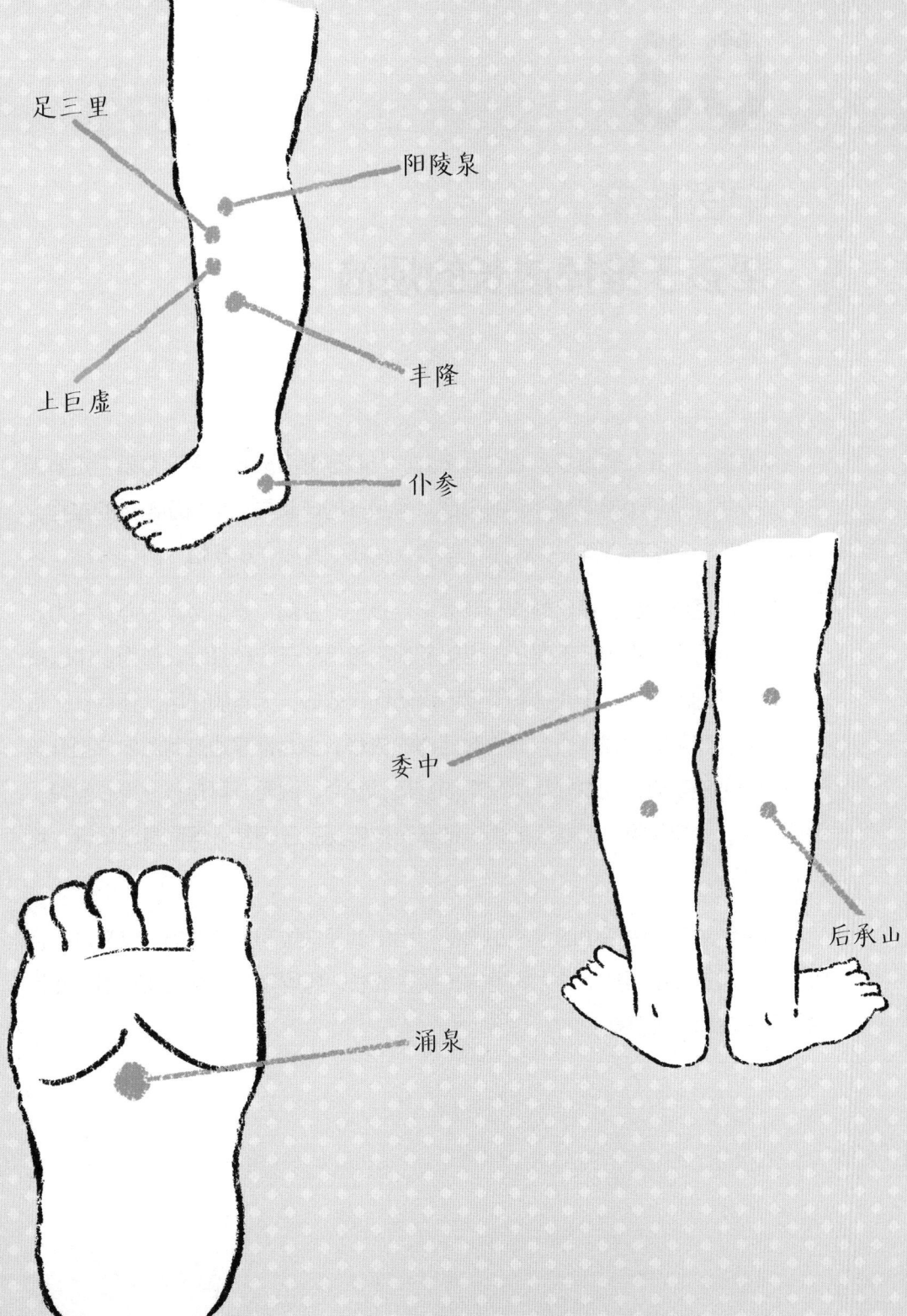

03

中医推拿，
帮孩子推掉成长的烦恼

常言道："养儿一百岁，长忧九十九。"孩子健康成长、平安喜乐，走好人生的每一步，是每个妈妈最朴实的心愿。但孩子的成长是一个循序渐进的过程，难免会遇到一些磕磕绊绊，会产生一些令人头痛的身心"小烦恼"。

孩子的健康问题，是妈妈的心头大事，孩子一生病，妈妈必定劳心又劳力。"是药三分毒"，不到万不得已，妈妈们都不想给孩子吃药打针。作为以中医辨证理论为基础的疗法，小儿推拿不仅治病防病疗效好，无毒副作用，还有一个很大的好处，就是能增强体质，减少对药物的依赖。小儿推拿通过刺激穴位提升孩子自身的免疫功能，经由触摸所带来的舒适、安心、温暖，可让孩子身心愉悦，睡得安然，增加体重，妈妈还能通过推拿有效安抚孩子情绪，解除身心烦恼，增进亲子感情。

本章针对孩子生活中的各类小烦恼，给出调理穴位和推拿技巧，以及对症食疗方和日常护理小巧招，助力妈妈守护孩子成长。妈妈早一天学会和运用小儿推拿，孩子就早一天受益！

夜啼　烦躁　不爱睡觉　入睡难　哭个不停

小儿夜啼常见于 6 个月以内处于哺乳期的婴幼儿，多由于受惊或身体不适引起，症状为长期夜间烦躁不安，啼哭不停，或时哭时止，辗转难睡，白天却一切如常。夜啼多因小儿脾胃虚寒、神气未充、惊恐、食积等所致。宝宝夜啼睡不踏实，妈妈也为之劳累伤神，甚至会因为长期睡眠不足导致神经衰弱。运用小儿推拿疗法，可以宁心安神、平肝利胆、降气通络，让宝宝不哭闹，妈妈更轻松。

解决烦恼，妈妈有办法

① 点揉印堂

用食指、中指的指腹点揉印堂穴，再用拇指指尖逐渐用力掐按印堂穴。

次数：30 次。

频率：50～80 次/分。

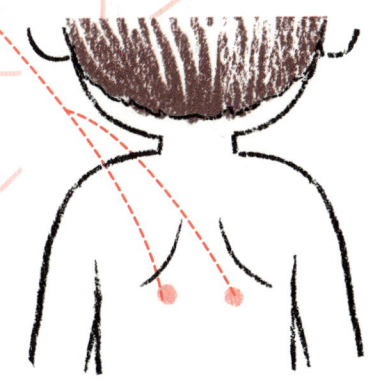

② 按揉肝俞

用拇指指端点按肝俞穴，依次沿顺、逆时针方向按揉，力度由轻至重再至轻，以有酸胀感为宜。

时间：1 分钟。

频率：50～100 次/分。

解决烦恼，妈妈有办法

③ 按揉胆俞

用拇指指腹依次沿顺、逆时针方向按揉胆俞穴，力度由轻至重再至轻，以酸胀感为宜。

时间：1分钟。

频率：50～100次/分。

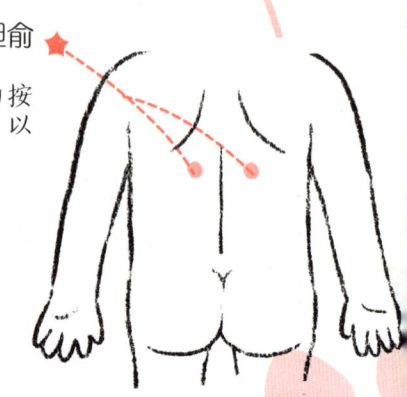

④ 按揉脾俞

用拇指指端点按脾俞穴，依次沿顺、逆时针方向揉按，力度由轻至重再至轻。

时间：1分钟。

频率：50～100次/分。

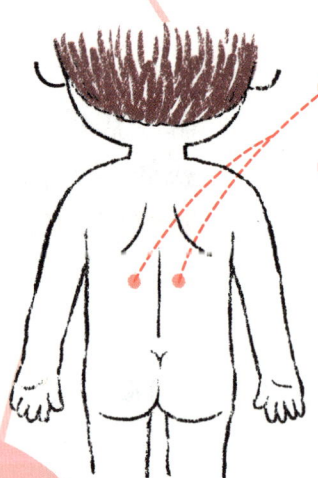

⑤ 揉膻中

用拇指指腹旋转按揉膻中穴，力度轻柔，手法连贯，以有酸胀感为宜。

时间：2～3分钟。

频率：150～200次/分。

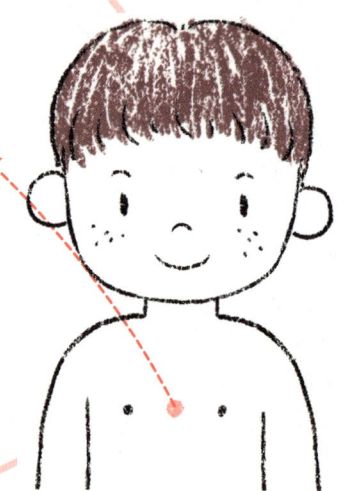

巧手妈妈的药食疗方

葱白糊敷脐

原料：葱白1根，胡椒3粒，艾叶3片，热白饭少许。

做法：先将胡椒研末，艾叶揉成绒，再与葱白共捣烂，加入热白饭中，趁热（以小儿能够承受为度）放在小儿肚脐上，用布扎紧固定，每日换1次。

功效：散寒止痛。适用于夜啼。

双姜粥

原料：干姜1~3克，高良姜3~5克，粳米100克。

做法：先煎干姜、高良姜，取汁，去渣，再入粳米同煮为粥。

功效：温中散寒止痛。适用于因脾脏虚寒所致的小儿夜啼。

百合冰糖饮

原料：百合30克，冰糖适量。

做法：百合与冰糖共煮熟服食。

功效：养心安神。适用于小儿夜啼，警惕易醒。

日常带娃 Tips

孩子夜啼的生活护理

家里孩子夜啼,家长除了进行推拿和饮食调理外,还有以下这些日常护理细节须注意。

饱暖须适宜

家长对孩子过度关心,反而会使孩子身体变得"娇气",孩子不宜过饱过暖,"要想小儿安,三分饥与寒"。

进行适当的户外活动

白天尽量不要让孩子睡太多的觉,多进行户外活动,晒晒太阳,夜间才能入睡快,睡得香。

营造良好的睡眠环境

室温适宜,避免强光刺激,不要通宵开灯,妈妈也不宜抱着孩子睡觉,以免影响孩子的睡眠质量。

找出原因,对症护理

孩子夜间无故啼哭不止,或许是因为饥饿、过饱、闷热、寒冷、虫咬、尿布浸渍、衣被刺激等,妈妈须找出原因,对症护理。

睡不好

睡不着　易惊醒　精神不好　焦虑

婴幼儿睡不好的原因一般是由于饥饿或过饱、睡前过于兴奋或环境嘈杂、与亲密抚养者分离而产生焦虑等。孩子的成长是在睡眠的过程中进行的，经常性睡眠不安或难以入睡、易醒，会导致精神状况不佳、反应迟钝、疲劳乏力等问题，长此以往，将严重影响孩子的生长发育。通过推拿疗法，可以调节自主神经、补益心气、安定心神，使宝宝入睡快，睡得踏实。

解决烦恼，妈妈有办法

① 按压内关

用大拇指指腹放在内关穴上，用力按压，双手交替进行，手法连贯，以有酸胀感为宜。

时间：2～3分钟。

频率：150～200次/分。

② 按揉神门

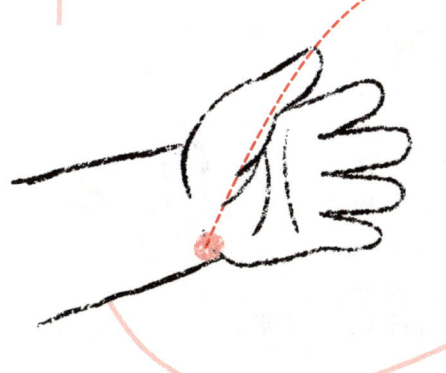

用拇指沿顺时针方向按揉神门穴，力度由轻至重，手法连贯，以有酸胀感为宜。

时间：1分钟。

频率：50～100次/分。

解决烦恼，妈妈有办法

③ 按揉太冲

先伸直拇指，以拇指指腹按揉太冲穴，再用拇指指腹推揉太冲穴。

时间：2～3分钟。

频率：150～200次/分。

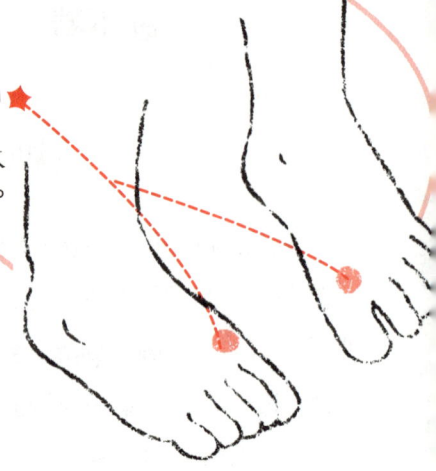

④ 按压太溪

用大拇指指腹放于太溪穴上，微用力按压，以局部有酸胀感为宜。

时间：2～3分钟。

频率：150～200次/分。

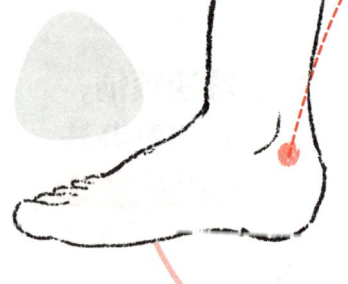

巧手妈妈的药食疗方

龙眼肉鸡蛋

原料：龙眼肉15克，鸡蛋1个，糖少许。

做法：先煮龙眼肉，然后加入鸡蛋，蛋熟后加糖，每日1次。

功效：补气血，安心神。适用于因气血两虚所致的失眠、心悸、健忘。

桑葚汤

原料：桑葚15克。

做法：水煎常服。

功效：补肝肾，生津止渴。可用于改善失眠。

日常带娃 Tips

孩子的这些睡眠误区你知道吗

对处在生长发育阶段的孩子来说,睡得好不仅能促进生长激素的分泌,还能增强记忆力和创造力。孩子的睡眠是个大问题,在日常生活中,妈妈要注意避免以下几个睡眠误区。

保持绝对的安静

在妈妈肚子里时,小宝宝会时常听到羊水声,并不是绝对安静的。妈妈可以从网上下载一些带自然噪声的音乐,譬如海浪声、流水声、风声等,让宝宝找到熟悉的感觉,从而睡得更香。

睡前进食过饱

睡前吃得过饱,会加重肠胃负担,导致胃肠功能紊乱,引起腹胀。有些妈妈还担心哺乳期的小宝宝饥饿,常常半夜将宝宝叫醒喂奶,使宝宝睡不安稳,长此以往,对健康不利。

养成哄睡习惯

孩子哭闹入睡困难时,有些妈妈会把宝宝抱起来左右摇晃,或者将其放在摇篮里,时间一长,宝宝就养成了不摇晃就不能入睡的坏习惯。婴儿的大脑发育尚不完善,摇晃容易造成脑部小血管破裂,有颅内出血的危险。

睡前过度刺激

孩子睡前运动量太大,或者玩得太开心,都容易使精神太亢奋,无法产生困意。或者父母在睡前责骂了孩子,也会使孩子心情低落,无法安然入睡。

爱生气　急躁　易怒　爱闹小情绪　吃不好　睡不香

就中医五行而言，肝属木，肝木克脾土，肝火旺犯脾胃，导致孩子急躁易怒、爱发脾气，吃不好也睡不香。肝火旺的孩子表现为口干舌燥、口水量多、食欲下降、精神萎靡、胃肠功能紊乱、大便黏腻、口臭等。推拿相关穴位能帮助孩子培补元气、平肝息风、宁心安神，增强孩子适应外部环境的能力，保护孩子的身心健康。

解决烦恼，妈妈有办法

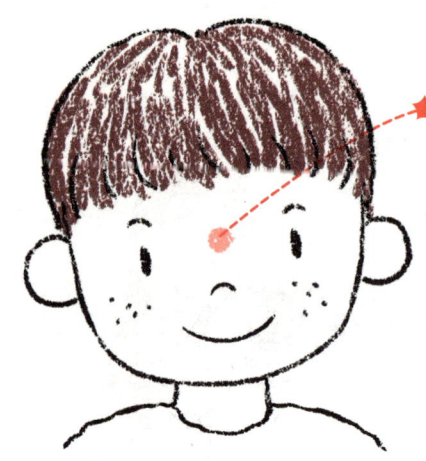

① 掐压山根

用拇指指端按在宝宝的山根穴上，做深入并持续的掐压，但要避免掐破皮肤。

时间：1～2分钟。

频率：150～200次/分。

② 按揉百会

将手掌按在宝宝头顶中央的百会穴，沿顺时针方向按揉百会穴，力度适中，手法连贯。

时间：1～2分钟。

频率：150～200次/分。

解决烦恼，妈妈有办法

③ 清肝经

一手握住宝宝的小手，一手大拇指自宝宝的食指掌面末节指纹推向指尖，反复多次，力度适中为宜。

时间：1～2分钟。

频率：150～200次/分。

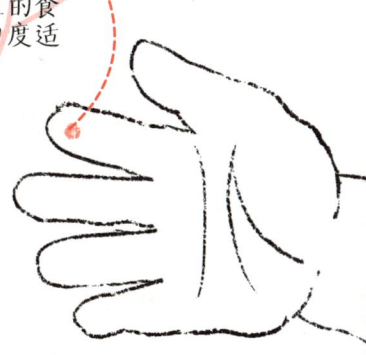

巧手妈妈的药食疗方

芹菜粥

原料：新鲜芹菜（切碎）60克，粳米100克。

做法：将原料放入砂锅内加水煮粥即可。

功效：平肝清热，止咳，健胃。

雪梨银耳汤

原料：雪梨1个，水发银耳30克，贝母5克，白糖适量。

做法：将处理好的食材一起放到蒸笼上蒸30～40分钟即可食用。

功效：清热降火，可增强肝脏解毒功能。

莲子百合羹

原料：莲子15克，干百合15克，鸡蛋1个，白糖适量。

做法：将莲子与百合放入砂锅里，加水用文火煮到莲子肉烂；再加入鸡蛋、白糖，煮到鸡蛋熟即可。

功效：养心安神，润肺止咳，强身健体。

日常带娃 Tips

健脾护肝，养成生活好习惯

远离加工食品

肝是解毒的脏腑，当体内毒素超过肝解毒的能力，就会引起肝部的不适。加工食品中的添加剂大多不利于孩子健康，尽量少吃或不吃。

保持充足的睡眠

孩子睡眠不好或者睡不够，肝脏得不到休息，导致肝脏排毒不好会出现肝功能异常，从而导致肝火旺盛。

均衡饮食营养

有些孩子挑食，爱吃肉不爱吃蔬菜水果，导致身体营养不均衡。均衡饮食，营养全面，孩子才能保持健康，长得快。

制订生活规则

家长过分溺爱孩子，经常无条件满足孩子的要求，一旦要求没被满足，孩子就肝火大进而犯肺。这时候，给孩子建立正确的生活规则，有利于调适孩子的情绪，回归理性。

受惊吓　**胆子小**　**易受惊**　**饮食不安**　**爱哭闹**

孩子突然大哭不止,还出现睡眠不安、郁郁寡欢、不思饮食的现象,可能是受到了惊吓。孩子易受惊吓是由于神经系统尚未发育完全,对外界突然出现的强烈刺激,如强噪声、强光等因素不能充分适应,使神经系统产生暂时性功能失调,导致精神方面出现一些异常症状。孩子受到惊吓,妈妈可以及时安抚,运用推拿的方法帮助孩子镇静、安神,增加安全感。

解决烦恼,妈妈有办法

① 揉小天心

一手持孩子四指,用另一手的拇指指腹揉按小天心,再用拇指指尖逐渐用力掐按此穴。

时间:1分钟。

频率:50～100次/分。

② 清心经

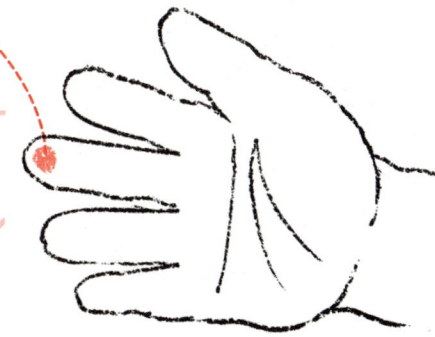

一手托住孩子的手掌,用另一手拇指指腹沿中指桡侧直推心经穴,手法连贯,以有酸胀感为度。

次数:300～500次。

频率:150～200次/分。

解决烦恼，妈妈有办法

③ 推肝经

沿顺时针方向旋推食指掌面为补，由食指掌面末节推向指尖为清。统称推肝经。

次数：300～500次。

频率：150～200次/分。

④ 运内八卦

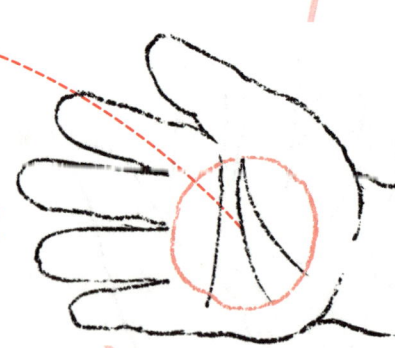

用拇指指腹按压在掌心上，沿顺时针方向运揉内八卦。

次数：300～500次。

频率：150～200次/分。

⑤ 推大横纹

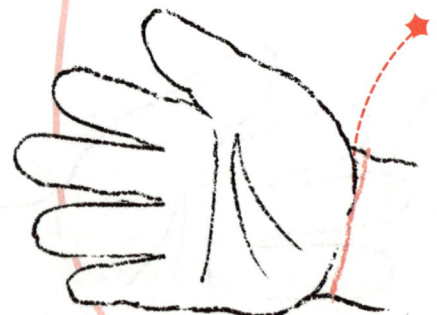

用双手拇指从总筋向两旁推，称为分阴阳，反之称为合阴阳。统称为推阴阳。

时间：2～3分钟。

频率：150～200次/分。

巧手妈妈的药食疗方

百合猪心汤

原料：百合30克，黑芝麻20克，黑枣50克，生姜20克，鲜猪心1个，盐少许。

做法：将猪心剖开，切去筋膜，用清水洗净，切成片；用小火将芝麻炒香（不用油）；百合洗净；黑枣洗净去核；生姜洗净，刮去姜皮，切片。瓦煲内加入适量清水，用大火煲至水沸，然后放入全部材料，改用小火继续炖3小时，加入盐调味即可。

功效：补血养阴，润燥滑肠，宁心安神。

童子鸡汤

原料：童子鸡1只（重约1000克），龙眼肉30克，葱、姜适量。

做法：将鸡去内脏，洗净，放入沸水中氽一下，捞出，放入钵或汤锅内，再加龙眼肉、葱、姜、调料和清水，蒸1小时左右，去掉葱、姜即可食用。

功效：补中益气、强身健体，可提高机体免疫力，促进智力发展。

日常带娃 Tips

孩子受惊吓,妈妈来安抚

孩子受到惊吓后大多会大声哭闹,妈妈可以将其抱在怀中,拍拍肩膀,抚摸后背,尽量用轻言细语安抚孩子的情绪。要注意观察孩子是否出汗,要及时擦干汗液,保持皮肤的清洁与干燥,预防受凉,还要仔细检查孩子是否有受伤的情况。

当孩子情绪稳定之后,妈妈可以播放一些舒缓的轻音乐,和孩子一起做游戏,以转移孩子的注意力。孩子受惊吓后,也容易出现夜惊、夜啼的情况,在睡眠时妈妈应尽量陪伴,使其有安全感。

如果孩子受到惊吓后出现了发热、食欲差、呕吐等身体不良反应,需要及时就诊。

厌食　食欲不好　不爱吃饭　挑食　营养不良

小儿厌食症表现为孩子长时间食欲减退或消失,以进食量减少为主要特征,是一种慢性消化性功能紊乱综合征,常见于 1～6 岁的孩子。孩子厌食容易导致营养不良、贫血、佝偻病及免疫力低下等,严重者还会影响身体和智力的发育。针对孩子厌食,妈妈可以采用健胃消食的食疗方,也可用推拿手法来增加孩子的食欲。

> **解决烦恼，妈妈有办法**

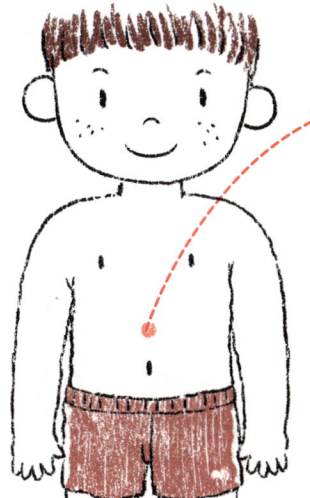

★ ① 按揉中脘

用手掌紧贴孩子中脘，在不移动的前提下，揉动穴位皮下组织，幅度逐渐扩大。

时间：2～3分钟。

频率：150～200次/分。

② 摩神阙 ★

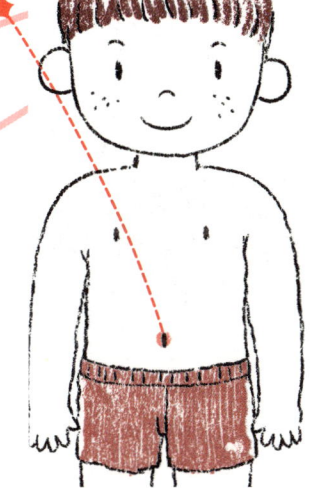

把手掌放在神阙穴上，手掌轻贴皮肤，在皮肤表面沿顺时针做回旋性摩动。

时间：2～3分钟。

频率：150～200次/分。

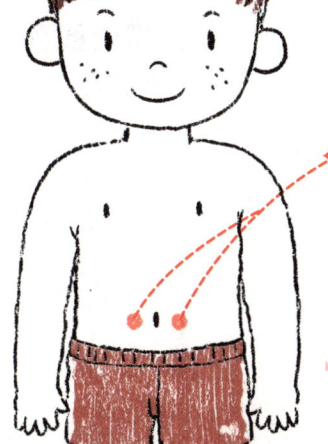

★ ③ 揉天枢

将拇指指腹按压在天枢穴上，沿顺时针方向揉按，以有酸胀感为宜。

次数：80～100次。

频率：50～100次/分。

解决烦恼，妈妈有办法

④ 按揉足三里

用拇指用力按压足三里穴一下，再沿顺时针方向揉按三下，即1次。

时间：2~3分钟。

频率：30次/分。

⑤ 按揉脾俞

用拇指指端点按脾俞穴，依次沿顺、逆时针方向揉按，力度由轻至重。

时间：1分钟。

频率：30次/分。

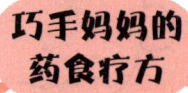

巧手妈妈的药食疗方

雪梨山楂粥

原料：雪梨120克，山楂10克，粳米50克。

做法：将雪梨洗净切碎，加水煮30分钟，去渣，加入洗净的粳米、山楂，煮粥食用。每日1剂，连服7日为1个疗程。

功效：润肺生津，祛痰止咳，健胃消食。

巧手妈妈的药食疗方

南瓜粥

原料：大米500克，南瓜大半个（1000~1500克），红糖适量。

做法：将大米淘净，加水煮至七八成熟时，滤起；南瓜去皮，挖去瓤，切成块，用油、盐炒过；将大米倒于南瓜上，慢火蒸熟，加入红糖即可。

功效：健脾养胃。适用于脾失健运所致之厌食症。

日常带娃 Tips

健康生活，远离厌食症

孩子出现厌食的情况，大多与疾病、身体不适、生活习惯不当有关。疾病造成的厌食是暂时的，身体康复后厌食症状也随之消失，但不良的生活习惯如果不改善，就会使孩子因为长久厌食而营养不良，影响身体和智力的发育。

孩子厌食，家长须及时调整孩子的日常饮食结构，督促孩子养成健康有规律的饮食习惯，少吃零食，少喝饮料，补充钙质和铁质，多摄入高蛋白质和高纤维素类的食物，还须改掉暴饮暴食和挑食偏食的情况。

另外，还可以多带孩子到室外参加一些体育活动，以此促进肠胃蠕动，增加饥饿感，从而增进食欲。

尿床　先天不足　常尿床　睡不好

宝宝尿床是正常的生理现象。3岁以下的宝宝神经系统未完全发育成熟，也没有养成良好的排尿习惯，睡觉之前喝过多水或者睡眠比较深，都有可能导致尿床，大多数情况下不用去治疗。若3岁以上的儿童1个月内尿床次数达到3次以上，就属于不正常了，医学上称之为"遗尿症"，此症一般是男孩多于女孩。孩子尿床了，家长千万不要过度责骂，以防给孩子造成负面的心理影响，可以适当地通过小儿推拿来改善症状。

解决烦恼，妈妈有办法

① 点按百会

用拇指指腹按在头顶中央的百会穴，依次沿顺、逆时针方向揉按，每日2～3次。

次数：50～80次。

频率：80～100次/分。

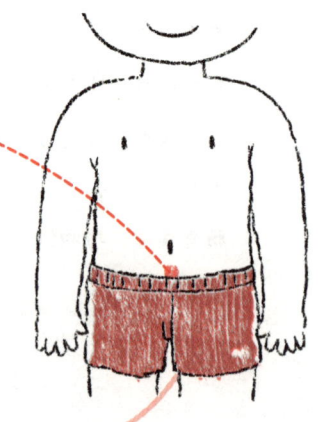

② 揉气海

搓热手掌，将掌心按压在气海穴上，以顺时针的方向揉按，力度适中。

次数：50～80次。

频率：80～100次/分。

解决烦恼，
妈妈有办法

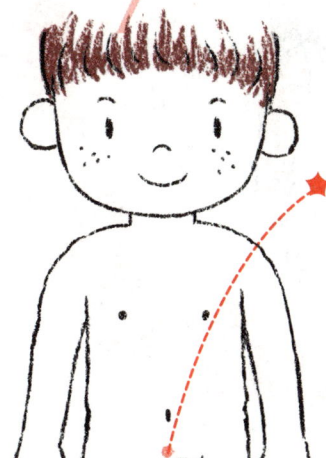

★ ③ 揉关元

用手掌掌根按压在关元穴上，沿顺时针的方向揉按，手法连贯。

次数：50～80次。

频率：80～100次/分。

④ 按揉脾俞 ★

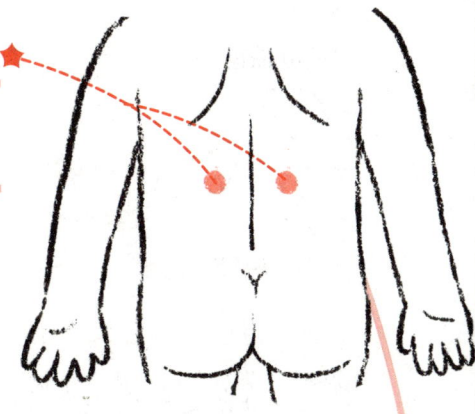

用拇指指端点按脾俞穴，依次沿顺、逆时针方向揉按，力度由轻至重再至轻。

时间：1分钟。

频率：50～100次/分。

★ ⑤ 按揉肾俞

用拇指指端点按肾俞穴，沿顺、逆时针方向揉按，力度由轻至重再由重至轻。

时间：1分钟。

频率：50～100次/分。

巧手妈妈的药食疗方

猪肚益智汤

原料：鲜猪小肚（即猪脬）1只，益智仁9~15克。

做法：先将猪小肚切开洗净，再将益智仁放入猪小肚内，炖熟后将猪小肚、益智仁连同汤全部吃下，一日1次，连服3日即可见效。

功效：温脾暖肾，适用于小儿遗尿。

益智仁炖牛肉

原料：益智仁10克，牛肉30克，盐、酱油、味精各适量。

做法：牛肉洗净，切小块，与益智仁同放入炖锅内，加适量酱油，隔水炖至肉熟烂。

功效：温脾止泻、补血益气，可改善肾虚遗尿。

猪肚炖山药

原料：猪肚1个，白果15克，山药50克，黄酒适量。

做法：先将猪肚切开，洗净，把白果放入猪肚中，加黄酒，放锅中加山药及水，炖熟加盐即可食用。

功效：补血补气、健脾胃、缩尿，适用于脾虚遗尿小儿。

日常带娃 Tips

孩子尿床,也可以试试刮痧疗法

刮痧和推拿一样,都是通过对身体某些穴位的刺激,达到调和阴阳、舒经活络、解除病痛的效果。虽然目的一样,但还是有些区别。

刮痧操作时需要使用工具,且手法单一,刮痧后,病邪外溢于皮肤表面(出痧),而推拿具有多种操作手法,操作完在体表看不到痕迹。两者都是中医里常见的保健与治疗方法,妈妈们可以根据孩子的实际情况按需选择使用。

使用刮痧疗法改善孩子的遗尿,可以用刮痧板侧边从上往下刮拭足三里穴,力度略重,可不出痧;也可以用面刮法刮拭肾俞穴,以皮肤微微发热为度,以此达到扶正培元、益肾助阳的功效。

需要注意的是,刮痧虽然是直接也有效的一种中医疗法,但并不是每天都能进行,太高频率地刮痧,会对孩子的肌肤造成一定损害。刮痧后皮肤完全修复大概需要5～7天的时间,所以两次刮痧间隔时间为5～7天。

上火　热毒　便秘　发热　炎症

中医认为儿童体质偏热，为"纯阳之体"，容易出现阳盛火旺的现象。而且孩子的肠胃还处于发育阶段，稍有不慎，肠胃功能就容易紊乱，进食辛辣刺激的食物或天气炎热、干燥之时容易上火，导致体内水分流失，出现便秘、咽喉红肿、发热等。日常生活中预防孩子上火，除了改善饮食、多运动外，还可以通过刺激穴位的方法，帮助孩子清热泻火。

解决烦恼，妈妈有办法

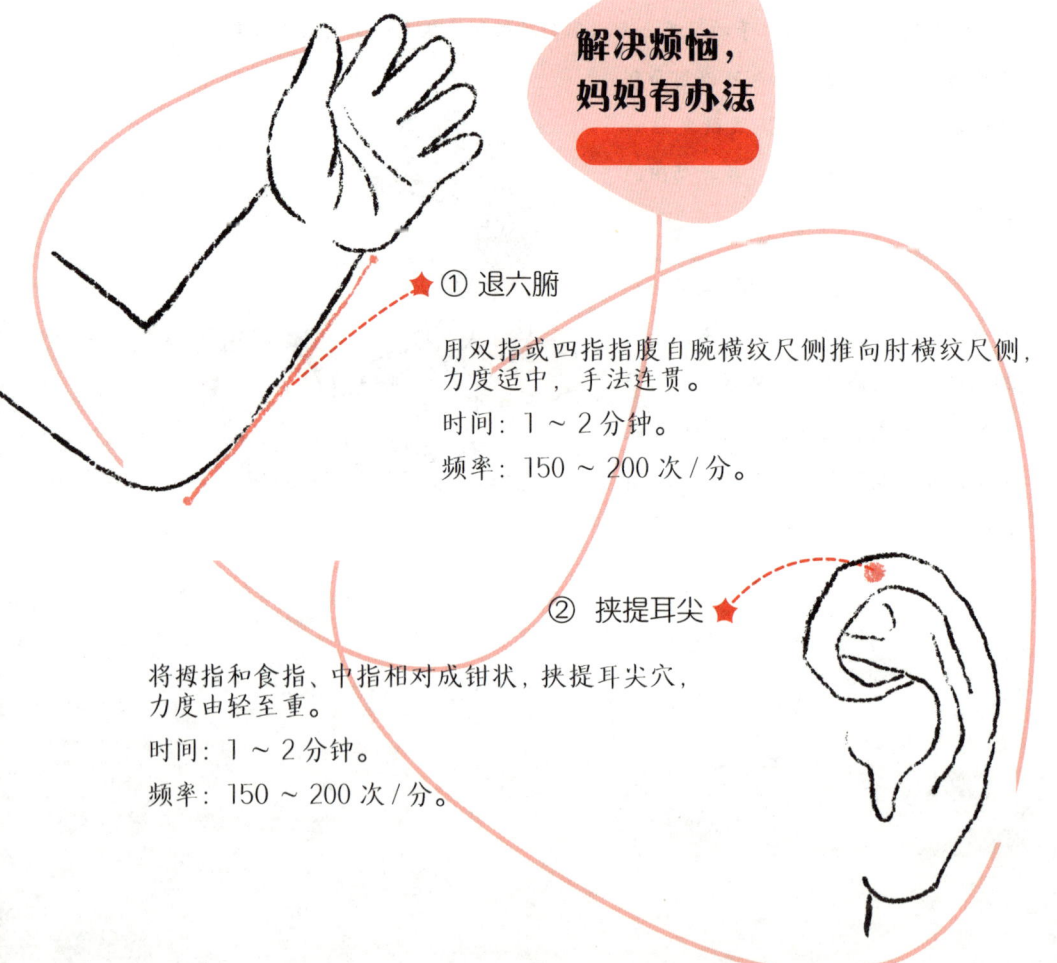

① 退六腑

用双指或四指指腹自腕横纹尺侧推向肘横纹尺侧，力度适中，手法连贯。

时间：1～2分钟。

频率：150～200次/分。

② 挟提耳尖

将拇指和食指、中指相对成钳状，挟提耳尖穴，力度由轻至重。

时间：1～2分钟。

频率：150～200次/分。

巧手妈妈的药食疗方

蜜梨汁

原料：大梨1个（或小梨2个），蜂蜜30克。

做法：将梨洗净切薄片，放入锅内加水2～3杯，加入蜂蜜，以文火煮沸5分钟，梨熟即可。分2次喝汤吃梨。

功效：润肺凉心，清燥降火，止咳化痰。

甘蔗生姜汁

原料：甘蔗榨汁120毫升，生姜汁1汤匙。

做法：两汁和匀，炖温饮服。

功效：清热泻火，平胃降逆。

日常带娃 Tips

孩子为什么总爱上火

上火也受遗传因素影响。通常父母是易上火的体质，那么孩子也可能遗传该体质。改善易上火体质，首先要明确孩子是实火还是虚火，再进行对症调理。

体质偏阳的孩子受外邪入侵后通常容易生实火，主要表现为大肠干燥、手脚发热、便秘、面红耳赤、口唇干裂、口干舌燥等症状，日常要多食用如苦瓜、黄瓜、绿豆、西瓜等偏寒凉性质的食物，少食用温热性质的食物，如牛肉、羊肉以及各种辛辣的香料等。

上虚火的孩子，一般表现为潮热、盗汗、口干、舌红、少苔、脉细数、咽喉红肿、口舌生疮、头晕耳鸣、心烦失眠等症状，应多吃一些滋阴的食物，如鸭肉、梨、藕、枸杞、山药等来滋阴清热。

无论是实火还是虚火，容易上火的孩子，饮食都宜清淡，应多吃水果蔬菜，注意粗细搭配，少吃生冷、油腻的食物，还要保持良好的作息规律，多锻炼，少熬夜，以保持神经内分泌系统的稳定性，预防上火。

积食

口臭　舌苔厚　小便黄　便秘

孩子的脾胃功能娇弱，饮食又不知自节，往往会使消化系统负荷过重，造成胃肠道功能紊乱，中医称为积食。3岁以下的宝宝，积食不消，体内过热，表现为舌苔厚、口臭、唇红、小便黄、大便干燥或便秘。出现这种状况，要给孩子合理安排饮食，注意均衡膳食营养，鼓励孩子多吃水果和蔬菜，还可采用推拿疗法消食化积。

解决烦恼，妈妈有办法

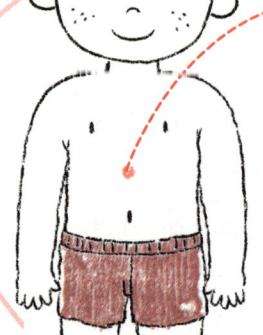

① 按揉中脘

将食指、中指并拢，用两指指腹沿顺时针方向揉按中脘穴，力度适中，手法连贯。

时间：1～2分钟。

频率：150～200次/分。

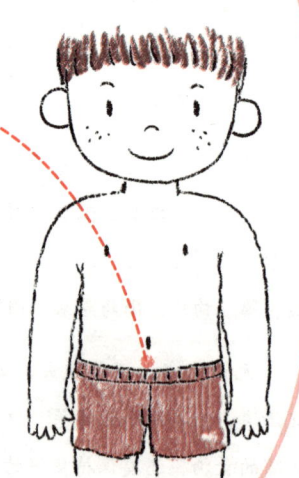

② 按揉气海

用食指、中指两指指腹沿顺时针方向揉按气海穴，力度由轻至重，以有酸胀感为宜。

时间：1～2分钟。

频率：150～200次/分。

巧手妈妈的药食疗方

老鸭汤

原料：老鸭半只，怀山药50克，党参、生姜各25克，盐少许。

做法：将老鸭去毛及内脏，洗净，同其他四味料加水共炖。食鸭肉饮汤，每日2次。

功效：平胃消食。适用于因肠胃虚弱而致的消化不良、食欲不佳。

萝卜山药饼

原料：白萝卜、山药、面粉各250克，精猪肉100克，葱、姜、盐、植物油各适量。

做法：将萝卜洗净，切成（或刮成）细丝，放入油锅内，煸炒至五成熟时盛起备用。山药切成细丝制成泥状备用。猪肉剁细，与白萝卜丝一起调成馅。面粉加山药用清水适量揉成面团，软硬程度与饺子皮相同，然后分成50克一个的小面团。将小面团擀成薄片，当中放白萝卜馅心，制成夹心小饼。放植物油少许，将饼放入锅内烙熟即成。佐餐用或当点心吃，一般均宜在饭前适量服食。

功效：适用于功能性消化不良，食欲不振，食后腹胀，以及咳喘多痰等。

橘枣饮

原料：橘皮 10 克（干品 3 克），大枣 10 枚。

做法：先将红枣用锅炒焦，然后同橘皮放于杯中，以沸水冲沏，约 10 分钟后可饮用。

功效：调中醒胃，饭前饮适用于食欲不佳，饭后饮适用于消化不良。

日常带娃 Tips

积食早发现，孩子少遭罪

肠道对于人体具有三大功能：消化吸收、免疫防卫和神经调节。长期积食不仅会对孩子的肠胃产生危害，还会出现免疫力低下，反复感冒，发育不良，从而影响智力的发育。积食严重的孩子，如若出现低烧、精神萎靡、腹痛、呕吐等症状，须及时就医，根据病因对症下方。

积食在各个年龄段都可能发生，妈妈们日常要多注意观察，留意孩子的身体情况，孩子如若出现以下症状，就很有可能是积食了。

厌食

积食最明显的特征是厌食，平时胃口好的孩子，忽然对食物不再感兴趣，对自己喜欢吃的东西也提不起兴趣了。

胀肚

孩子积食后，消化功能紊乱，肚子鼓胀，还伴有胀痛、腹泻或大便硬结的情况。

睡不好

积食的孩子入睡后容易盗汗、磨牙，或辗转翻滚，睡眠不安。

口臭、舌苔厚

积食的孩子一般表现为脸颊泛红、手脚心发热、舌苔厚腻，说话时嘴里还会发出一股酸腐味。

贫血 腹胀 爱哭闹 营养不良 气血两虚 面色苍白

孩子贫血一般是因缺铁所致，临床多表现为烦躁不安、哭闹、厌食、腹胀、营养不良和易感冒，严重者甚至影响智力。孩子的脾胃功能未发育完全，饱餐或过饥均会损伤脾胃，影响水谷精华运化成气血，导致贫血。妈妈平时要多给孩子进食含有铁元素、蛋白质以及维生素的食物，例如瘦肉、鸡蛋、菠菜、动物肝脏、各种血制品食物、橙子、猕猴桃等，再借助推拿相关穴位调理，可以有效地纠正孩子贫血状况。

解决烦恼，妈妈有办法

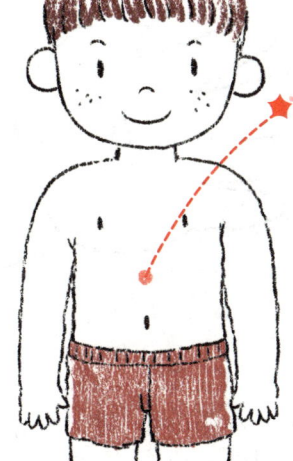

① 按揉中脘

用食指、中指、无名指三指指腹紧贴中脘，沿顺时针方向揉动，幅度逐渐扩大，力度适中。

时间：2～3分钟。

频率：150～200次/分。

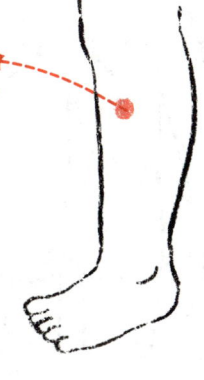

② 按揉足三里

用拇指用力按压足三里穴1下，然后沿顺时针方向揉按3下，称"一按三揉"，为1次。

时间：2～3分钟。

频率：30次/分。

解决烦恼，妈妈有办法

③ 点按三阴交

用拇指指腹点按三阴交穴，力度由轻至重，手法连贯，以有酸胀感为宜。

时间：2~3分钟。

频率：150~200次/分。

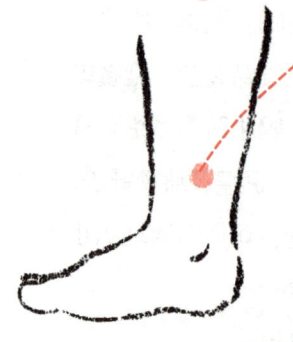

④ 推脾经

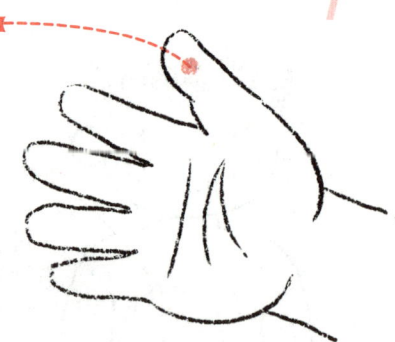

将拇指屈曲，循拇指螺纹面顺时针旋推，力度适中，手法连贯。

时间：2~3分钟。

频率：150~200次/分。

⑤ 按揉脾俞

用拇指指端点按脾俞穴，依次沿顺、逆时针方向揉按，力度由轻至重再至轻。

时间：1分钟。

频率：50~100次/分。

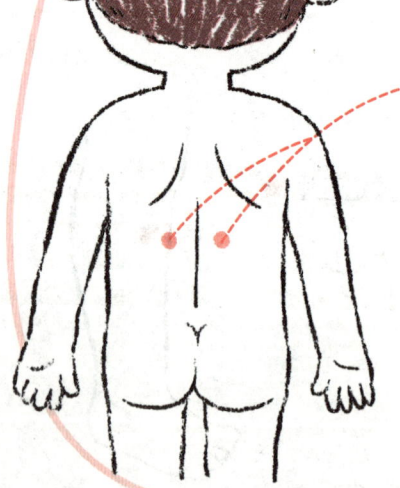

羊骨粥

原料：羊胫骨 1~2 根，红枣、桂圆各 10 枚，糯米 100 ~ 150 克。

做法：羊胫骨捣碎，加红枣、桂圆、糯米，加水适量，煮粥食用。可从当年冬至吃到来年立春。

功效：温肾补血，适用于轻度贫血。

五圆蒸全鸡

原料：净母鸡 1 只，桂圆肉、荔枝肉、乌枣、莲子肉、枸杞子各 15 克。

做法：将净鸡腹部朝上放在大碗中，将桂圆肉、荔枝肉、乌枣、莲子肉、枸杞子放在碗内，再加上冰糖、精盐、料酒、葱、姜及清水少许。上笼蒸 2 小时，取出调好味，撒上胡椒粉即成。

功效：补血养心，益精明目。

巧手妈妈的药食疗方

日常带娃 Tips

营养性贫血重在预防

贫血并不是一种简单的疾病,而是由生理、病理多种原因导致,最常见的是由于孩子缺铁或者缺乏叶酸、维生素B_{12}引起的营养性贫血。

孩子营养性贫血是完全可以预防的,具体方法如下。

母乳喂养,增强吸收

母乳中铁的吸收率高,宝宝出生后应尽量采用母乳喂养,喂养至6～9个月为宜。非母乳喂养儿在添加辅食时,应增加如蛋黄、菜泥、肝泥、肉泥、鱼肉等含铁及蛋白质丰富的食品,同时可服用维生素C或添加水果泥,以增强铁的吸收。

科学膳食,均衡营养

动物性食物所含血红素里的铁吸收好,而植物性食物中所含的草酸、磷酸等物质,会妨碍铁的溶解和吸收。家长多了解各类食物的含铁量以及吸收率,才能做到营养均衡的饮食搭配,帮助孩子提高铁的吸收率及蛋白质的互补作用。

特殊体质,重点看护

早产儿、双胞胎、低体重出生儿或肥胖的小孩,这类体弱多病或生长过快的孩子,更应该合理安排一日三餐,并定期去保健医院检测血红蛋白,以便及早发现贫血,及时矫治。

妈妈滋补,宝宝受益

妈妈在孕期和哺乳期需多吃富含铁、蛋白质的食物,如动物肝脏、瘦肉、蛋类、豆制品、新鲜蔬菜和水果等,孕期应定期测血红蛋白,发现贫血须及时治疗。

肥胖   营养过剩   不爱动   体质弱

　　小儿肥胖是指孩子体重超过同性别、同年龄健康儿或同身高健康儿的平均水平，多见于单纯由于饮食过多所引起的肥胖，是一种常见的营养失衡现象。小儿肥胖与生活方式密切相关，主要原因是营养过剩，且缺乏运动。"胖者多疾"，肥胖对人的身体健康有非常大的不利影响，孩子过度肥胖，身体的发育会因此变得迟缓，另外可能会有性早熟的情况发生。针对小儿肥胖，推拿对应穴位，可以帮助孩子加速新陈代谢，促进胃肠消化功能，达到减肥健体的目的。

解决烦恼，妈妈有办法

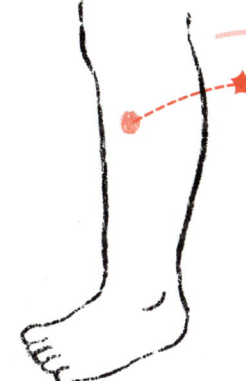

① 按揉足三里

用拇指用力按压足三里穴1下，然后沿顺时针的方向揉按3下，称"一按三揉"，为1次。

时间：2～3分钟。

频率：30次/分。

② 揉关元

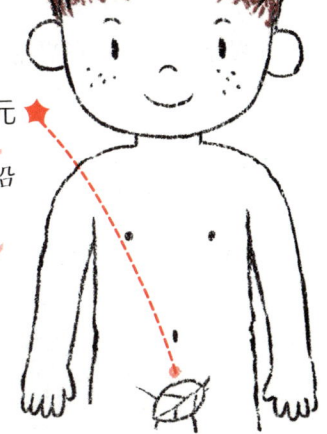

用食指、中指、无名指三指指腹按压在关元穴上，沿顺时针的方向揉按，力度适中。

次数：50～80次。

频率：80～100次/分。

解决烦恼，妈妈有办法

③ 按揉脾俞

用拇指指端点按脾俞穴，先沿顺时针方向揉按，再沿逆时针方向揉按。

时间：1分钟。

频率：50～100次/分。

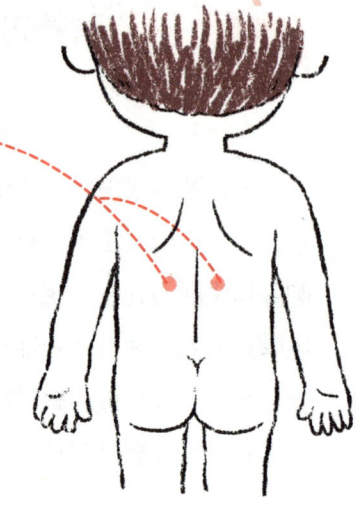

④ 补脾经

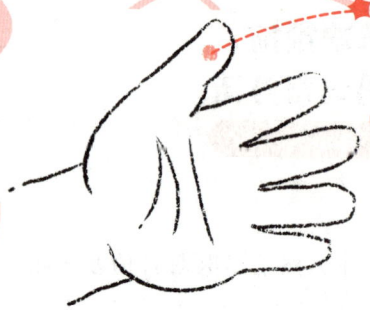

循拇指桡侧缘，由小儿的指尖向指根方向直推，以有酸胀感为宜。

时间：2～3分钟。

频率：150～200次/分。

⑤ 按揉胃俞

用拇指指端按压在胃俞上，做顺时针方向的回旋揉动。

时间：1分钟。

频率：50～100次/分。

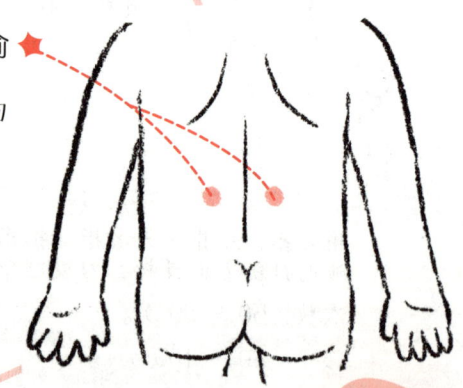

巧手妈妈的药食疗方

脊骨海带汤

原料：海带丝、动物脊骨各适量，调料少许。

做法：将海带丝洗净，先蒸一下；将动物脊骨炖汤，汤开后去浮沫，投入海带丝炖烂，加盐、醋、胡椒粉等调料即可。食海带，饮汤。

功效：清热利水，软坚化痰。海带不含脂肪，含丰富的牛磺酸，可降低血及胆汁中的胆固醇。

萝卜冬瓜粥

原料：萝卜250克，冬瓜250克，粳米100克。

做法：将上述各料一起加入适量的水后煮粥。

功效：清热、消肿、利尿、减肥降脂。

赤小豆汤

原料：赤小豆60克。

做法：熬汤食用，每日1剂。

功效：健脾利湿，减肥降脂。适用于脾虚湿阻的单纯性肥胖症者。

日常带娃 Tips

肥胖症的拔罐疗法

拔罐疗法与推拿一样,都是通过对身体局部的刺激,促进人体新陈代谢,调和各脏腑功能,以此增强自身的抗病能力,消除局部症状,达到舒筋活血、健身防病之功效。

如果家里有5岁以上的肥胖症儿童,除了采用推拿方式调护,家长也可以根据孩子的身体状况采用拔罐疗法,对孩子的中脘、关元、足三里、丰隆、三阴交等穴位进行调理,以此舒经活络,促进新陈代谢,加速体内脂肪"燃烧",从而达到瘦身降脂的效果。

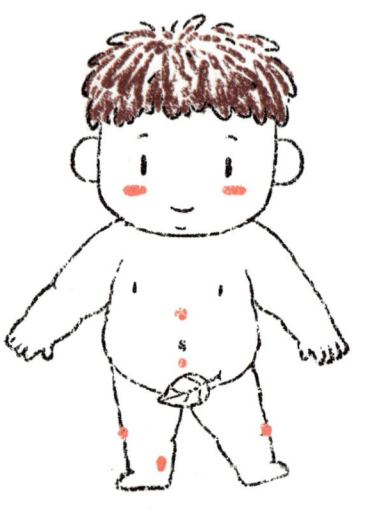

操作火罐相对有一定难度,且孩子的肌肤娇嫩,操作失误容易出现烫伤,建议使用气罐操作。调理时只须将气罐依次吸附在上述几个穴位上,调节负压吸引力度,以疼痛耐受为度,留罐10分钟即可。

年龄低于5岁的宝宝皮肤耐受力比较弱,且配合度较低,容易导致不良症状发生,不建议使用拔罐疗法。

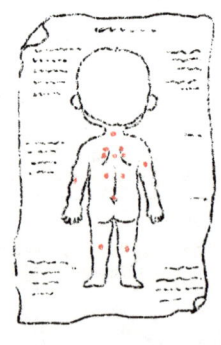

多动症

多动　不专注　爱跑　学习差

多动症是儿童常见的一种疾病，在医学上称之为注意力缺陷/多动障碍。多动症通常于6岁前起病，不少孩子的症状可持续到青春期。虽然多动症孩子大多智商正常，但与同龄孩子相比，有明显的注意力不集中、易受干扰、活动过度等特征，有些孩子还存在学习障碍，出现过激行为和情绪方面的缺陷。小儿多动症的保健措施包括认知行为治疗、教育干预和药物治疗，通过推拿辅助治疗，可取得更佳疗效。

解决烦恼，妈妈有办法

① 点按百会

将拇指指腹按在头顶中央的百会穴，依次沿顺、逆时针方向揉按，力度由轻至重，以酸胀感为宜。

次数：50~80次。

频率：80~100次/分。

② 按揉太阳

用拇指指腹沿顺时针或逆时针方向揉太阳穴，力度轻柔，手法连贯，以有酸胀感为宜。

次数：150~500次。

频率：150~200次/分。

解决烦恼,妈妈有办法

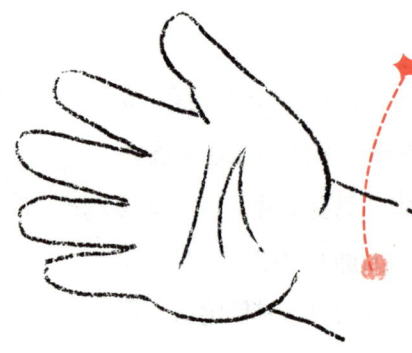

③ 按压内关

将拇指指尖放在内关穴上,用力按压,双手交替进行,以有酸胀感为宜。

时间:2~3分钟。

频率:150~200次/分。

④ 揉按神门

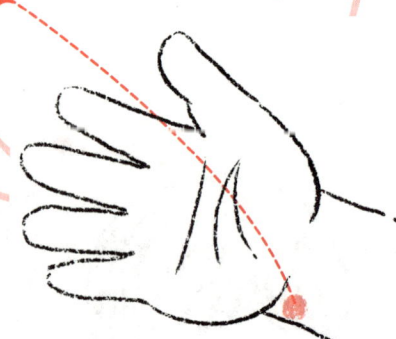

用拇指沿顺时针方向揉按神门穴,力度由轻至重,手法连贯,以有酸胀感为宜。

时间:1分钟。

频率:50~100次/分。

⑤ 按揉足三里

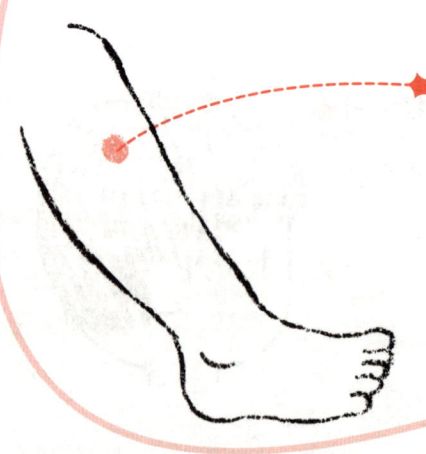

用拇指用力按压足三里穴1下,然后沿顺时针的方向揉按3下,为1次。

时间:2~3分钟。

频率:30次/分。

巧手妈妈的药食疗方

大枣核桃煲猪心

原料：猪心1个，大枣10枚，核桃肉30克，小麦60克，甘草3克。

做法：把猪心洗净后切成片备用；把小麦、甘草洗净，将甘草切片，大枣洗净去核切成两半；把小麦、甘草、大枣、核桃仁一齐放入锅中加适量水，煮开。煮开之后加猪心一同煮1~2小时，加入盐调味即可。

功效：补充钙质，适用于儿童多动症、盗汗以及易怒等。

甘麦大枣汤

原料：甘草9克，麦粒30克，大枣10克。

做法：将甘草洗净，切好备用；大枣去核洗净，麦粒洗净；把甘草、大枣、麦粒一同放入锅中，加适量水，大火烧开后转小火，慢炖1~2小时。

功效：养心益脾，滋补阴血。可缓解儿童多动症状。

日常带娃 Tips

多动症孩子的家庭护理要点

家里有多动症的孩子，家长须多了解多动症的相关知识，密切观察孩子的状态，如若症状加重，应及时去医院就诊。正确的家庭护理方法能帮助孩子尽快康复，降低疾病复发的可能性，有助于孩子的身心健康成长。

减少不必要的用眼活动

长时间上网、看电视、玩手机不仅会伤害孩子的眼睛，还会影响孩子的心理健康。有研究表明，学龄前儿童看电视越多，7岁后越容易表现出注意力缺失的症状，因此多动症儿童应多加强注意力的培养，多看书、听故事，尽量减少看电视和上网的时间。

培养感觉统合能力

大多数多动症儿童的症状表现还有神经系统轻微异常、运动功能异常，如闭眼站立不稳、精细运动困难、不能走直线等。因此家长可以多培养孩子的感觉统合能力，例如，通过打球、游泳、跳绳、平衡木等一系列活动，给予孩子前庭、肌肉、关节、皮肤触压以及多种感观的刺激，以此促进神经功能的发展，增强感觉统合能力。

多动症的饮食指导

家长应注意多动症儿童饮食的多样化，帮助孩子克服挑食、偏食的习惯。日常可多给孩子吃一些鱼类，还有富含卵磷脂和B族维生素以及铁、钙、锌元素的食物，少吃胡椒、辣椒等刺激性强的调味品。每日补充足够的水分，不用饮料代替水，食品添加剂会对儿童神经传导产生影响，导致冲动、注意力不集中。

呵护自尊心和自信心

多动症的孩子因行为异常，常常会因为别人的嘲笑而变得敏感，导致心理脆弱。家长须呵护孩子的自尊心，帮助其消除紧张心理。无微不至的关怀和鼓励，有利于帮助孩子增强自信，提高自控能力。

易疲劳　瞌睡　坐立不安　容易累　哭闹不休

孩子易疲劳，精力差，可能是由于饮食不当、睡眠习惯不良、精神压力、贫血、气虚等原因导致的。容易疲劳的孩子，学习时坐立不安，一旦疲倦就会哭闹不休，还时常少气懒言，哈欠连天。如果孩子经常出现此类疲劳症状，家长可以为之调整饮食、改善睡眠，还可以推拿以下穴位，帮助孩子消除疲劳，恢复健康与活泼。

解决烦恼，妈妈有办法

① 按压内关

用大拇指指端放在内关穴上，用力按压，双手交替进行，力度适中，以有酸胀感为宜。

时间：1～2分钟。

频率：150～200次/分。

② 按揉太阳

将两手拇指指尖分别放于两侧太阳穴上，沿顺时针或逆时针方向揉太阳穴，力度适中。

时间：1～2分钟。

频率：150～200次/分。

巧手妈妈的药食疗方

鲜莲银耳汤

原料：干银耳10克，鲜莲子30克，鸡汤1500毫升，料酒、精盐、白糖各适量。

做法：把银耳发好，放入大碗内，加鸡汤蒸1小时左右，待银耳完全蒸透取出，鸡汤留置待用。将鲜莲子剥去青皮和嫩白膜，捅去心，用水氽后用开水浸泡（鲜莲子略带脆性，不要泡得很烂）。再烧开鸡汤，加入料酒、精盐、白糖，将银耳、莲子装在碗内，注入鸡汤即可。吃莲子、银耳，喝汤，每日1次。

功效：滋阴润肺，补脾安神。消除疲劳，增进食欲，增强体质。

杞汁滋补饮

原料：鲜枸杞叶100克，苹果200克，胡萝卜150克，蜂蜜15克，冷开水150毫升。

做法：将鲜枸杞叶、苹果、胡萝卜洗净切片，同放入榨汁机内，加冷开水制成汁，加入蜂蜜调匀即可。每日1剂，可长期饮用。

功效：强身壮阳，消除困倦疲劳，恢复元气。

几个小妙招,帮助孩子消除疲劳

疲劳一般分为生理疲劳和心理疲劳两种。生理疲劳可用食疗和推拿调理,改善和增强体质。但现在的孩子功课多,学习压力大,也容易存在脑力劳动过度,出现心情烦躁、注意力不集中、反应迟钝等心理疲劳症状,从而影响学习效率,长期心理疲劳还会危害身心健康。

帮助孩子在学习、生活中劳逸结合,重振精神,每天拥有高质量的睡眠,妈妈不妨使用以下几个小方法。

进行有氧运动

运动的过程虽然很累,但坚持适量的运动可以增强免疫能力,调节激素分泌水平。运动时能刺激大脑分泌多巴胺和内啡肽两种物质,缓解紧张的神经系统,使身体变得愉悦、放松。妈妈可以督促孩子在饭后一小时之后做做有氧运动,睡前洗个热水澡,便可以有效缓解孩子身体的疲惫,使其轻松入睡。

听舒缓音乐

舒缓的音乐可以令人放松心情。孩子睡不好、睡不香,也有可能是平时学习压力大、精神紧张所致,睡前不妨听一些舒缓、轻柔的音乐,可以调适心情,缓解压力,帮助孩子安然入睡。

睡前泡脚

中医学认为"诸病从寒起,寒从足下生",保持双足的适当温度,可以预防疾病从脚底入侵。泡脚属于中医足疗法内容之一,也是一种常用的外治法。热水泡脚可以改善局部血液循环,驱除寒冷,促进代谢,既解乏,又利于睡眠。让孩子在睡前泡泡脚,再躺在床上放松一下,可以有效缓解疲劳,轻松入睡。

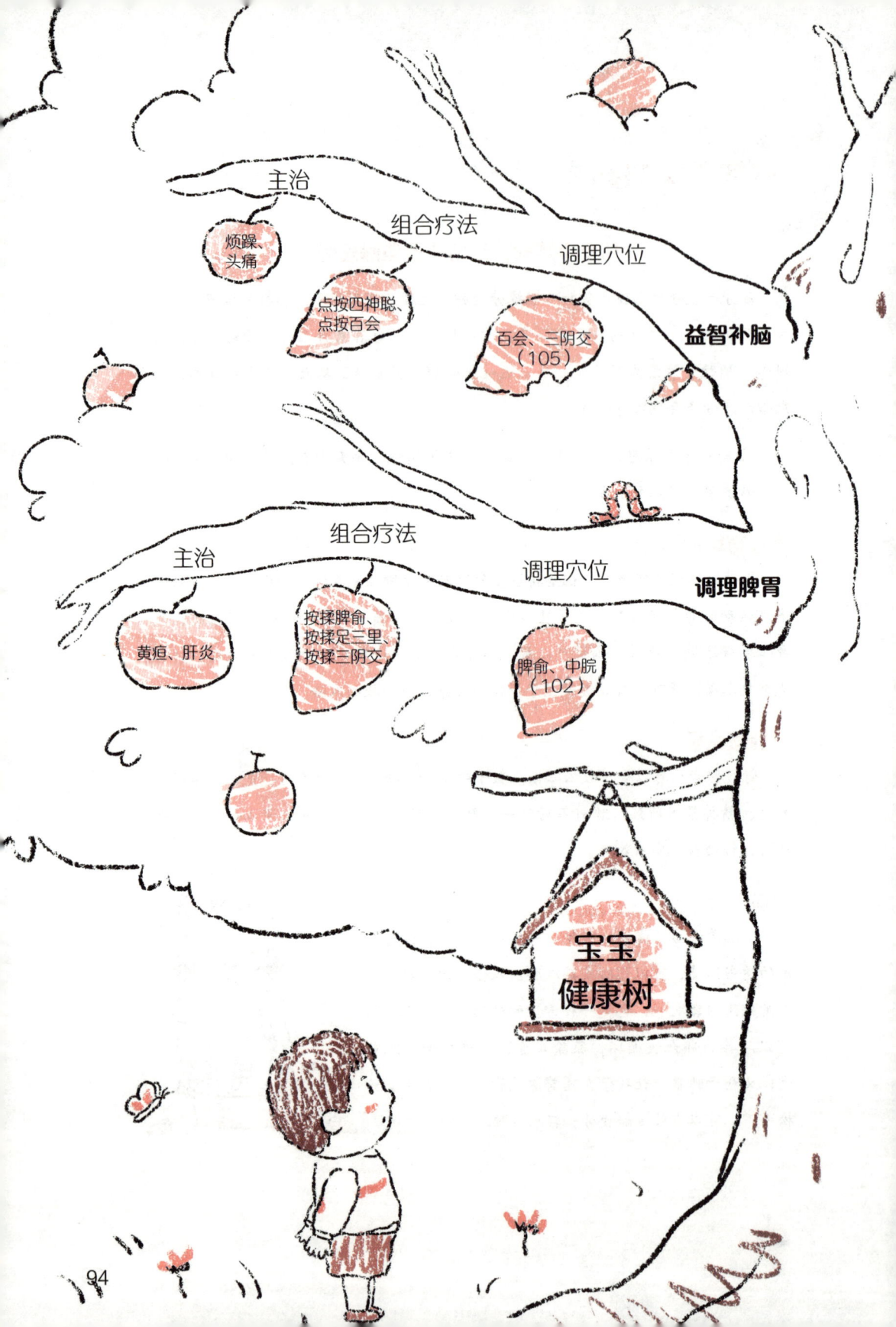

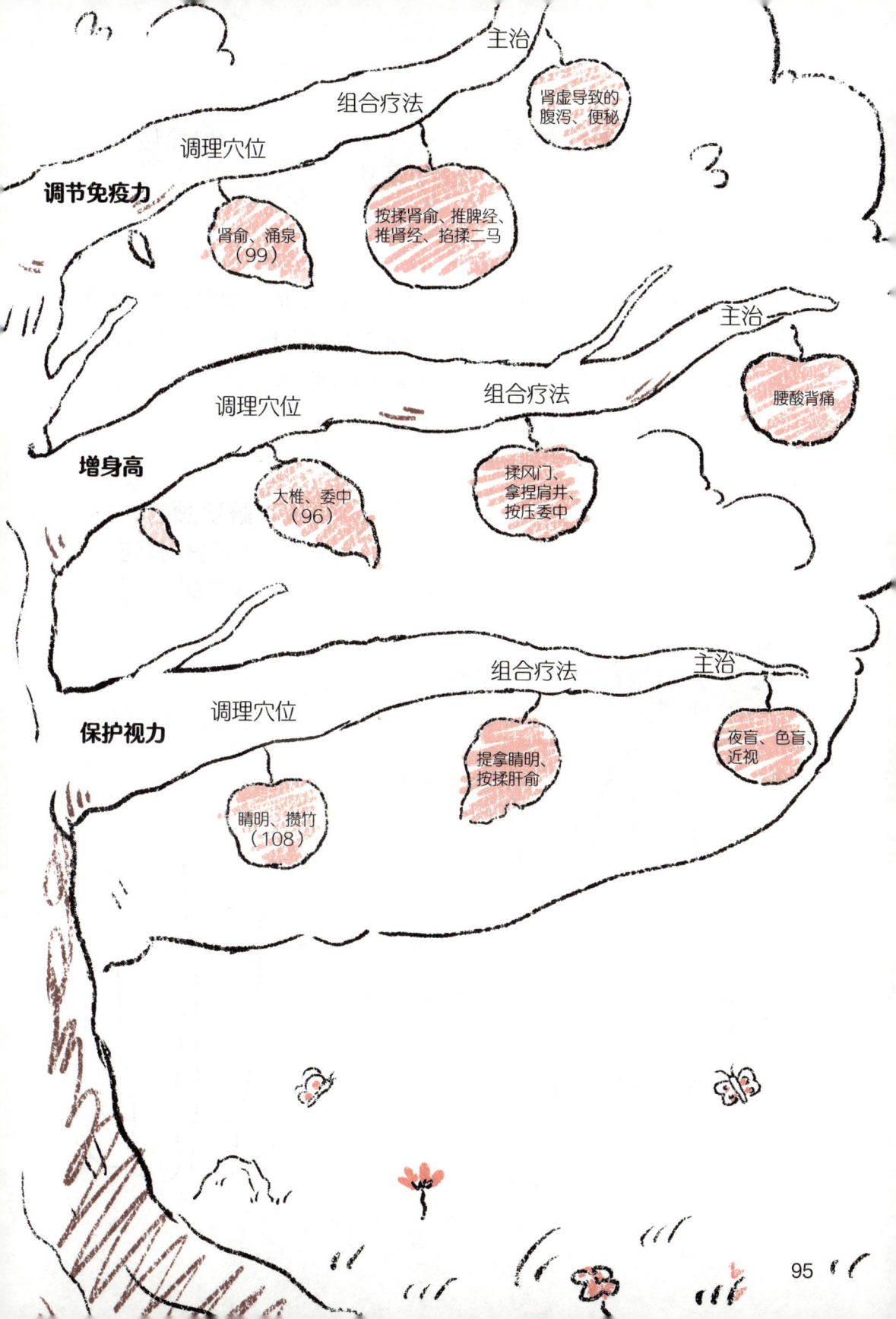

身高偏低 发育迟缓 代谢紊乱 体重轻 身高矮

遗传因素、营养不良、睡眠不足等都可能导致孩子的身高增长缓慢。怎样才能让孩子吃得好，睡得香，长个子，拥有强健的体魄呢？除了日常合理安排饮食、适当调整作息之外，通过对相关穴位的推拿可以疏通经络，推动全身气血运行，促进新陈代谢，有利于骨骼发育。

解决烦恼，妈妈有办法

① 挟提大椎

将拇指和食指、中指相对，挟提大椎穴，力度由轻至重，手法连贯。
时间：1～2分钟。
频率：150～200次/分。

② 揉按委中

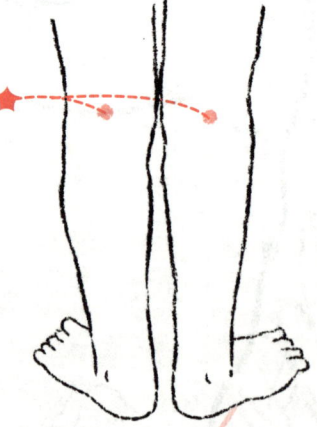

用拇指指腹旋转揉按委中穴，力度由轻至重，以有酸胀感为宜。
时间：1～2分钟。
频率：150～200次/分。

巧手妈妈的药食疗方

鸡肝蛋皮粥

原料：新鲜鸡肝50克，新鲜鸡蛋1个，大米100克，香油、盐适量。

做法：将大米洗净放入砂锅内，加适量清水煮粥，至大米开花时为度；将鸡肝洗净、剁成泥，用香油适量炒热，备用；鸡蛋去壳打匀，放锅内加少许香油制成蛋皮，切碎，与热鸡肝一起放进粥内，煮至粥稠，加盐调味食用。

功效：滋肝明目，补血养虚。对儿童增高有帮助。

鸡脚炖章鱼汤

原料：章鱼80克，红枣5个（去核），鸡脚6对，生姜少许。

做法：将鸡脚及章鱼用砂锅加水煮开，放生姜，用中火煮20分钟，再将洗净的红枣加入汤中，一起炖3小时后调味食用，每周2次。

功效：养血益气，提高免疫力。可做增身高的食疗方。

日常带娃 Tips

中医教你如何科学长高

决定孩子身高的因素很多，从临床上来看，主要取决于遗传和营养。中医认为，孩子生长发育缓慢，个子不高，往往伴有肾虚、脾虚、肝血虚、心血虚等不同症状，家长想让孩子达到理想身高，不妨从以下几个方面着手调理。

调整饮食结构

孩子应多吃健脾和胃的食物，以口味清淡、少油、少盐、少糖为主。过食寒凉食物容易伤脾碍胃，冰淇淋等孩子爱吃的冷饮也应少吃。饮食结构须合理搭配，种类丰富，让孩子不挑食，不偏食，不暴饮暴食。不良的饮食习惯会导致机体营养失衡，从而阻碍正常的生长发育。

保证充足睡眠

孩子晚睡或睡眠不佳，生长激素分泌不足，身高增长自然也会受阻。一般来说，3～6岁儿童每天应保持10～12小时睡眠时间，小学生睡10小时，初中生睡9～10小时，高中生睡8～9小时。孩子睡够、睡好，才能长得高。

坚持规律运动

有研究表明，适量的运动对身高增长有帮助，如跳绳、慢跑、游泳、打羽毛球、打篮球、跳起摸高等运动都能通过对韧带的拉伸，起到增身高的作用。负重过大的运动，如举重、铅球、杠铃等则易产生疲劳感，而阻碍长高。

保持愉悦的心情

中医认为，肝气郁结或者肝气上逆，会影响胆汁的正常分泌与排泄，不利于食物营养的吸收，从而导致脾胃功能失调，机体失养。孩子如果长时间心情压抑，则会影响肝脾功能，增加身材矮小的风险。所以，为孩子营造轻松愉悦的生长环境，是促进生长的必要条件。

虽然身高很大程度取决于遗传因素，但只要孩子后天调理好脾、肝、心三脏，使肾气足，气血旺，筋骨强，心神宁，那么，就一定能"蹿"身高，茁壮成长。

免疫力弱 精神萎靡 食欲下降 营养不良 容易感染

孩子出生后的6个月，有来自母体的抗体，一般不容易生病，6个月到6岁的孩子先天性免疫功能比较弱，容易感染病菌，患上一些急、慢性疾病。家长除了给孩子补充营养，陪孩子锻炼身体外，在日常生活中还可以运用推拿疗法来增强孩子的免疫力，提高孩子对细菌和病毒的防御能力。

解决烦恼，妈妈有办法

① 按揉肾俞

用拇指指端点按肾俞穴，依次沿顺逆时针方向揉按，力度由轻至重再至轻。
时间：1~2分钟。
频率：150~200次/分。

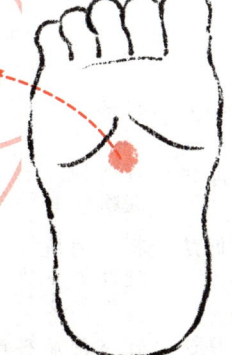

② 点按涌泉

用拇指指腹点按涌泉穴，力度由轻至重再至轻，以有酸胀感为宜。
时间：1~2分钟。
频率：150~200次/分。

巧手妈妈的药食疗方

虾仁蛋饺

原料：虾仁200克，胡萝卜150克，猪肉泥500克，香菇150克，鸡蛋4～5个，香葱少许。

做法：香菇、胡萝卜切丁，香葱切碎，新鲜的虾仁洗净用料酒腌制好连同猪肉泥一起放进碗里，加入味精和盐拌成馅料；鸡蛋打入碗里，加适量盐用打蛋器打发；平底锅抹油加热，倒入一大勺蛋液，用小火慢煎成饼形，中间加入拌好的馅料，把蛋皮对折成半月形，翻面煎香取出；待所有蛋饺全部做好，放进锅内再蒸5分钟即可。

功效：补充优质蛋白质，增强免疫力。

鱼泥豆腐羹

原料：鱼肉50克，豆腐1小块（约50克），葱花、姜、清水各适量，盐、淀粉、香油各少许。

做法：将鱼肉洗净加盐、姜，上蒸锅蒸熟后去骨刺，捣烂成鱼泥。将水烧开加入少量的盐，放入切成小块的嫩豆腐，煮沸后加入鱼泥，再加入少量的淀粉、香油、葱花成糊状即可。

功效：补充优质蛋白质，提供免疫力，促进宝宝生长发育。

日常带娃 Tips

"艾"护孩子，"灸"出免疫力

中医学里面有许多行之有效的保健养生治病法，艾灸就是其中的一种。

艾灸的操作方式也很简单，一根艾条、一个穴位，每天艾灸十几分钟即可。艾灸借助火的温度和热力，把药物的作用渗透肌肤，经过经络的传导作用，深入脏腑，温通经络、调和气血、扶正祛邪，可以增强人体的免疫力，同时改善人体各系统的功能，从而有利于多种疾病的康复。

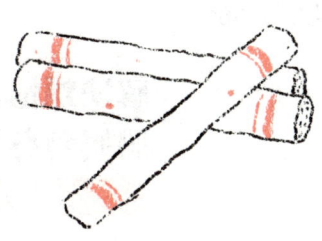
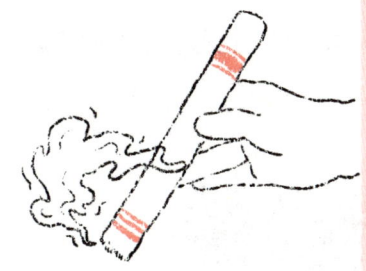

妈妈可以用艾条悬灸法灸孩子的足三里穴（对侧以同样的方法操作）10～15分钟，或点燃艾灸盒放于气海穴上灸治，至局部皮肤潮红为止。艾灸足三里穴，可以帮助孩子健脾和胃、调气血、补虚弱，增强肠胃吸收功能；灸治气海穴，则有温经散寒、补益肾气的功效。

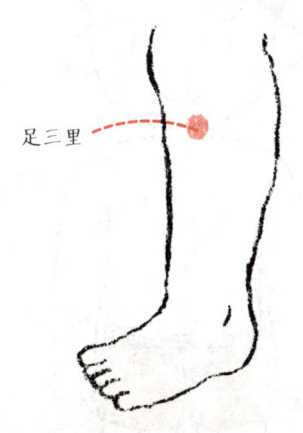
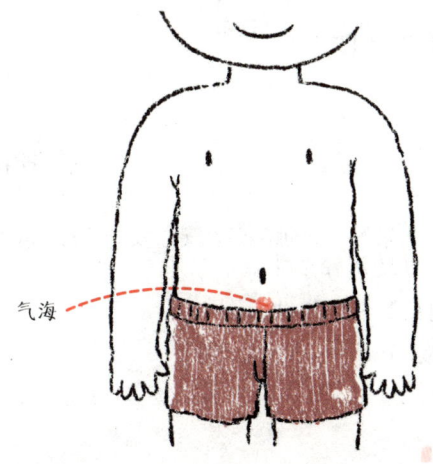

脾胃不和　　**脾胃虚弱**　　食欲不振　　吃饭不香　　大便异常

孩子的消化系统发育不完善，无论外感还是内伤都容易伤及脾胃功能，出现消化不良、食欲不振、泄泻、消瘦等症状，对生长发育也会造成一定的影响。针对脾胃虚弱的孩子，妈妈首先要调整孩子的饮食，多补充营养，少吃加工食品，平时还要督促孩子保持规律的作息，养成良好的生活习惯。除此之外，中医的穴位刺激疗法，也有利于气血的运行和生化，调理脾胃功能。

解决烦恼，妈妈有办法

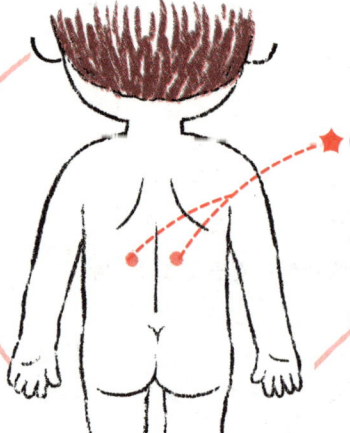

① 揉按脾俞

用拇指指腹沿顺时针的方向揉按脾俞穴，以有酸胀感为宜。

时间：1～2分钟。

频率：150～200次/分。

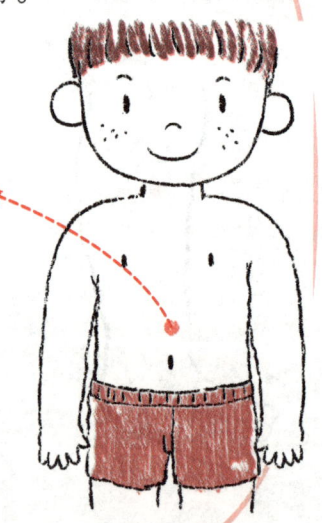

② 揉按中脘

用手掌紧贴着中脘穴揉按，皮下的组织要被揉动，力度由轻至重。

时间：1～2分钟。

频率：150～200次/分。

巧手妈妈的药食疗方

小米蛋奶粥

原料：小米 100 克，牛奶 300 克，鸡蛋 75 克，白砂糖 10 克。

做法：将小米淘洗干净，用冷水浸泡，沥水备用。锅内加入约 800 毫升冷水，放入小米，先用旺火煮至小米涨开，加入牛奶继续煮至米粒松软烂熟。鸡蛋打入碗中，用筷子打散，淋入奶粥中，加白糖熬化即可。

功效：清热解渴，健脾除湿，和胃安眠。

小米南瓜粥

原料：小米 100 克，南瓜 150 克，枸杞 3 克。

做法：小米洗净倒入砂锅备用；南瓜去皮洗净切成丁；将南瓜丁和枸杞放入砂锅内，加入适量的水，大火烧开以后转中小火慢熬成粥。

功效：健脾和胃，益气健体。

日常带娃 Tips

孩子健脾要趁早

中医认为，脾胃为健康之本，很多疾病源于脾胃。孩子经常出现积食、厌食、便秘、感冒、营养不良等情况，脾虚便是这一系列问题的核心原因。脾胃健壮，这些身体小问题便能迎刃而解，所以孩子健脾要趁早！

孩子脾胃失调，出现疲倦乏力、食欲不振的症状，家长除了遵医嘱，采用一些健脾和胃的药物来给孩子进行调理，以下这几样适合孩子吃的健脾胃、开胃消食的食材，妈妈也不妨在日常多给孩子安排上。

山药

山药不仅具有健脾养胃、补肾涩精、润肺止咳的功效，还含有丰富的维生素和微量元素，对改善人体的体质有一定的作用。山药是婴幼儿可经常食用的良好辅食，在孩子出现消化不良时，妈妈可将山药去皮制成山药泥让孩子少量服用，或根据孩子口味熬汤、煮粥，给孩子补充营养。

陈皮

陈皮具有理气健脾、燥湿化痰的功效，既是食材，同时也是一种常见的中药材。陈皮可以用来煮粥、熬汤，也可以直接泡茶饮用，妈妈平时给孩子烹饪肉类和鱼类时，也可以加入适量的陈皮，以辅助治疗脾胃失调引起的各类疾病。

炒麦芽

炒麦芽有健脾开胃、行气消食的功效。如果孩子积食不消化、胃腹胀满、不想吃饭、大便干或者大便臭，都可以用炒麦芽进行调理。

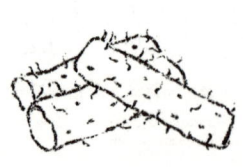
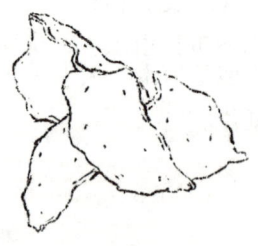

智力发育迟缓 反应迟钝 记忆力差 学习能力弱

做父母的都希望自己的孩子聪慧过人，因此不少家长喜欢在学龄前给孩子购买开发智力的早期教育图书、益智游戏，以期刺激孩子的大脑发育，提高学习能力。其实在孩子的成长过程中，饮食营养对于孩子脑细胞的发育至关重要。营养供给不足，会使大脑发育不良，直接导致孩子的聪明程度不够。妈妈在保障孩子均衡的日常饮食、规律的作息时间的前提下，还可以通过推拿穴位来为孩子益智补脑。

解决烦恼，妈妈有办法

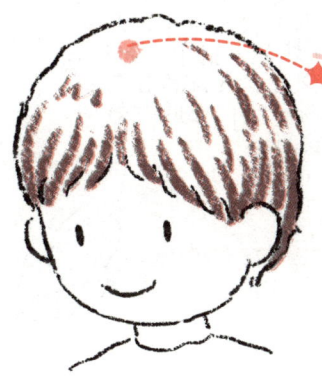

① 点按百会

用手掌按在头顶中央的百会穴，先沿顺时针方向揉按，再沿逆时针的方向揉按。

时间：1~2分钟。

频率：150~200次/分。

② 按揉三阴交

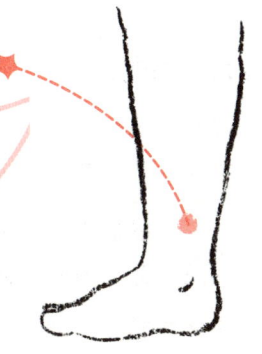

用拇指指腹按压在三阴交穴上，先沿顺时针的方向揉按，再沿逆时针的方向揉按。

时间：1~2分钟。

频率：150~200次/分。

巧手妈妈的药食疗方

玉米猪肝汤

原料：甜玉米1根，番茄2个（中等个），猪肝1小块，姜丝少许，盐适量。

做法：所有食材洗净；猪肝处理掉筋膜，切成薄片，放入清水中浸泡20分钟左右；玉米切成小段；砂锅中放半锅清水，放入玉米段和姜丝，大火煮开后转小火煲10分钟，再把番茄切块放入锅中一起煲。将浸泡好的猪肝冲洗干净，沥干，放料酒、少许盐和淀粉抓匀腌制备用；番茄入锅10分钟左右，开盖加盐调好味；把腌制好的猪肝用筷子一片片夹起浸入汤中，煮熟即可食用。

功效：补肝养血，益智健脑，促进脑细胞代谢。

芝麻核桃豆浆

原料：黄豆60克，核桃仁20克，黑芝麻10克。

做法：黄豆洗净，用水浸泡一晚上；核桃仁、黑芝麻洗净，沥干水；所有原料倒入豆浆机，加水到1000毫升的位置，按下启动键，煮熟后盛出食用。

功效：补血滋阴，促进脑部发育，增强身体免疫力。

益智补脑,中医有妙招

中医认为,脑为髓之海,肾主精生髓。肾是先天之本,充足的肾精才会充盈"髓海",产生更多的"元神"与智慧。

对于肾气不足、记忆力不佳的孩子,家长可以多给孩子吃一些益气补血、补肾健脑的食物,如核桃仁、红枣、黑豆、黑木耳、韭菜等。

除了饮食的调理,足够的睡眠也很重要。有科学研究证明,充足的睡眠可促进大脑的发育,增进大脑的思维能力。孩子晚上如果睡不好,白天上课时肯定头昏脑涨,哈欠连连,注意力也难集中。

适当的体育锻炼也可益智补脑。孩子平时多进行有氧运动,如慢跑、跳绳、健身操等,有助于体内阳气升发,可促进气血运行,补益肾气,强健身体。

除此之外,还有个中医补肾的小动作,家长可以督促孩子平时多练练:让孩子将大拇指扣在手心,指尖放于无名指的根部,然后弯曲其余四指,用力将大拇指握牢。这个简单易学、行之有效的动作,即"握固",平时多练习,可起到补肾益精、益智补脑的作用。

视力不良

用眼过度　**眼睛干涩**　**视力模糊**　**屈光不正**

孩子的视力是逐渐发育成熟的,婴幼儿时期就要定期检查视力,做好视力防护。日常生活中,不少孩子由于长期使用手机、电脑等电子产品进行娱乐和学习,缺少了户外运动的机会,从而导致长期的视觉疲劳,日久容易造成近视眼。孩子一旦近视,会导致学习、生活不便,甚至会影响将来的升学和择业。预防近视,需要孩子养成良好的用眼习惯,保证充足的户外运动时间。在孩子眼睛疲劳之时,可以刺激其眼周的穴位达到保护眼睛、恢复视力的作用。

解决烦恼,妈妈有办法

① 揉睛明

用食指指腹按揉睛明穴,能够带动深层神经和加速眼部血液循环。

时间:1～2分钟。

频率:150～200次/分。

② 按攒竹

用双手拇指从眉头攒竹穴按摩至眉尾,可以舒缓上眼骨的神经。

时间:1～2分钟。

频率:150～200次/分。

巧手妈妈的药食疗方

蓝莓汁

原料：野生蓝莓150克，冰糖100克。

做法：将野生蓝莓和冰糖放入锅中，倒入750克清水；开中火煮至锅中水开，再继续煮3分钟后冰糖完全化开，蓝莓全部浮上水面，用漏勺捞出蓝莓。然后用勺子不断按压漏勺上的蓝莓，使其汁液完全挤出，蓝莓皮扔掉不要，再继续煮5分钟，盛入杯中待温即可饮用。

功效：降低胆固醇，缓解视疲劳，增强免疫力。

菠菜护眼汤

原料：猪肝60克，菠菜130克，食盐、香油各少许，清高汤1升，补骨脂、谷精草、枸杞、川芎各15克。

做法：将四味中药材洗净加水1升，煎煮约20分钟，滤渣留汤备用。猪肝去筋膜洗净后切薄片，菠菜洗净后切成小段备用。先用少量油爆香葱花，加入中药汁、猪肝、菠菜，煮开后放入适量食盐，搅匀后起锅加入少许香油即可食用。

功效：补肝养血、明目润燥。常食可改善视力，并对小儿夜盲症、贫血症有良好的改善作用。

日常带娃 Tips

儿童近视的中医保健方法

转眼法：择一处安静场所，摒除杂念，头颈不动，独转眼球。先将眼睛凝视正下方，缓慢转至左方，再转至凝视正上方，至右方，最后回到凝视正下方，先用此法顺时针转9圈。再让眼睛由凝视正下方，转至右方，至上方，至左方，再回到正下方，沿逆时针方向转6圈。总共做4次。眼球每次转动，都尽可能地达到极限。常练转眼法可以锻炼眼肌，使眼睛灵活自如、炯炯有神。

眼呼吸凝神法：双目平视前方，深深吸气，眼睛随之睁大。稍停片刻，缓慢呼气，眼睛也随之慢慢微闭，连续做9次。此法可以舒缓视疲劳，改善眼睛干涩的状况。

熨眼法：坐姿，全身放松，闭上双眼，然后快速相互摩擦两掌，发热为止。趁热用双手捂住双眼，热散后两手猛然拿开，两眼也同时用劲睁开，如此3~5次，此法能促进眼睛血液循环，增进新陈代谢。

洗眼法：准备一盆干净的温水（纯净水为宜），调节好水温，将脸放入水里，在水中睁开眼睛，使眼球上下左右各转动9次，然后再沿顺时针、逆时针旋转9次。水进入眼中时，会感觉难受，但随着眼球的转动，眼睛会慢慢觉得非常舒服。若操作时感到呼吸困难，则出水抬头，在外深呼吸一次。此法能洗去眼中的有害物质和灰尘，适用于轻度白内障，还能改善散光、远视、近视的屈光不正程度。

注意：

孩子操作洗眼法时，家长须在旁看护，以防孩子操作不当而导致呛水。洗眼法不适合低龄宝宝操作使用。

健康小烦恼

感冒 — 风寒 — 头痛 — 鼻塞
     — 风热 — 流鼻涕

　　感冒，即上呼吸道急性感染，简称上感。大部分孩子感冒以病毒感染为主，此外也可能是支原体或细菌感染。风寒感冒主要症状为发热轻、恶寒重、头痛、鼻塞等。风热感冒主要症状为发热重、恶寒轻，检查可见扁桃体肿大、充血。由外邪引起的风寒、风热感冒均可通过推拿相关穴位缓解感冒症状，特别是在感冒的初期，更具疗效。

解决烦恼，妈妈有办法

① 开天门

用双手拇指交替推摩小儿天门穴，从两眉中间往上推至前发际处。

次数：150～300次。

频率：150～200次/分。

② 推坎宫

用双手拇指快速从眉心推至眉梢，称为分推坎宫穴，力度适中，手法连贯。

次数：150～300次。

频率：150～200次/分。

解决烦恼,妈妈有办法

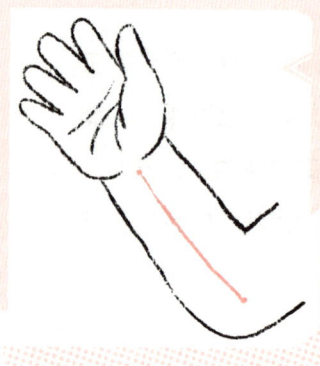

③ 清天河水

用食指、中指两指的螺纹面沿着小儿前臂正中,自腕部推至肘部,力度适中。

次数:300~500次。

频率:150~200次/分。

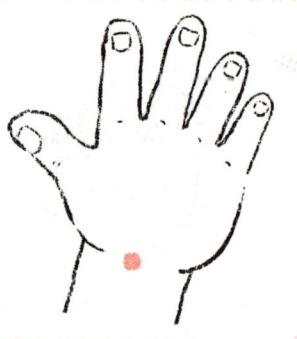

④ 揉一窝风

一手托住小儿手掌部位,另一手用食指指腹揉按一窝风穴,力度适中。

次数:300~500次。

频率:150~200次/分。

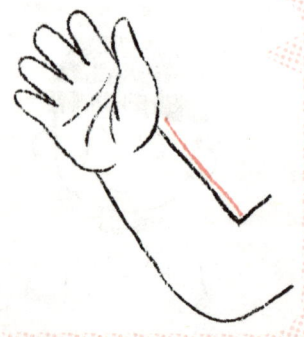

⑤ 推三关

将食指和中指并拢,用两指指腹沿着小儿前臂桡侧,自腕部推向肘部。

次数:300~500次。

频率:150~200次/分。

巧手妈妈的药食疗方

葱豆汤

原料：葱白2根，绿豆1把，白菜疙瘩3个，冰糖25克。

做法：水煎服，盖被捂出汗。无绿豆时可用生姜3片代之；无冰糖时可加少许白砂糖，改善口感。

功效：有效缓解腹泻，解表，通达阳气，去寒热。

白菜汤

原料：大白菜根3棵洗净切片，加大葱根3根，或取白菜心250克，加白萝卜60克。

做法：煎汤500毫升，加白糖少许趁热服下，或水煎后加红糖适量，食菜喝汤。

功效：通利肠胃，养胃生津，利尿通便，清热解毒。

生姜芥菜汤

原料：鲜芥菜500克洗净切断，生姜10克切片。

做法：加水2000毫升，煎至1000毫升，用食盐调味后分次饮服。

功效：宣肺理气，祛痰散寒，适用于风寒感冒。

咳嗽　咳喘　咳痰　呼吸不畅

咳嗽是呼吸系统疾病之一。当呼吸道有异物或受到过敏性因素的刺激时，即会引起咳嗽，根据病程可分为急性、亚急性和慢性咳嗽。中医认为，因外感六淫之邪多从肺脏侵袭人体，故多致肺失宣肃、肺气上逆，发为咳嗽。推拿相关穴位可以祛风寒、清肺热，宣发肺气，止咳化痰。

解决烦恼，妈妈有办法

① 拿风池

用拇指指腹稍用力旋转按揉风池穴，力度适中，以有酸胀感为宜。

时间：2～3分钟。

频率：150～200次/分。

② 揉风府

用拇指指腹匀速回旋按揉风府穴，力度适中，以此处有酸胀感为宜。

时间：2～3分钟。

频率：150～200次/分。

解决烦恼,妈妈有办法

③ 推揉膻中

用双手拇指指腹从膻中穴向两边分推至乳头处,以有酸胀感为宜。

时间:2~3分钟。

频率:150~200次/分。

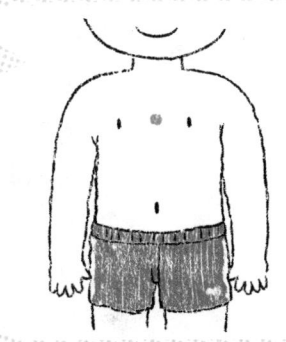

④ 掐合谷

用拇指指腹点掐合谷穴,由轻至重,手法连贯,以此穴有酸胀感为宜。

时间:2~3分钟。

频率:150~200次/分。

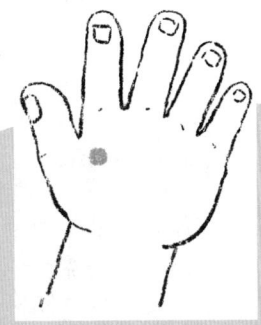

⑤ 清肺经

用拇指指腹由无名指指根推到指尖,反复操作,手法连贯,以有酸胀感为宜。

次数:300~500次。

频率:150~200次/分。

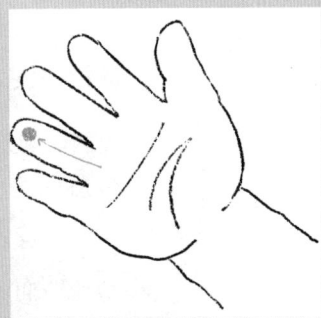

巧手妈妈的药食疗方

生姜粥

原料：生姜3片，大米30克。

做法：生姜洗净，切碎，同大米煮为稀粥服食。每日1~2剂，连续3~5天。

功效：散风寒，和中止呕，发汗解表，温肺止咳。

花椒冰糖梨

原料：梨1个，花椒20颗，冰糖2粒。

做法：梨洗净，横断切开挖去中间核后，放入花椒、冰糖，再把梨对拼好放入碗中，上锅蒸半小时左右即可，一只梨可分两次吃完。

功效：润肺，消痰，清热，解毒。对改善风寒咳嗽效果非常明显。

冰糖川贝梨

原料：梨1个，冰糖2~3粒，川贝母5~6粒。

做法：梨靠柄部横断切开，挖去中间核后放入冰糖、川贝母（川贝母要敲碎成末），把梨对拼好放入碗里，上锅蒸30分钟左右即可，分两次服用。

功效：润肺，止咳，化痰。

百日咳 **阵咳** **剧烈咳嗽** **久咳不愈** **传染性强**

百日咳是常见的一种儿童呼吸道传染性疾病，是由百日咳杆菌引起，以阵发性痉挛咳嗽，伴有鸡鸣样吸气声或吸气样吼声为主要特征。发病初期，症状类似感冒，如流鼻涕、打喷嚏、低热、轻微咳嗽等，数日后咳嗽加重，转变为阵咳或剧烈咳嗽。通过推拿辅助治疗，可以促进孩子身体的血液循环，调节脾胃，清热解表，缓解呼吸道病症。

解决烦恼，妈妈有办法

① 退六腑

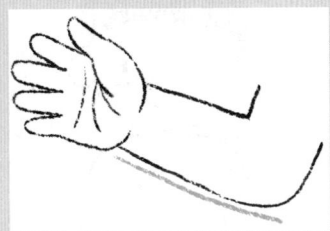

用拇指指腹自肘而下推摩六腑，力度由轻至重，手法轻快连贯。

次数：300～500次。

频率：150～200次/分。

② 清天河水

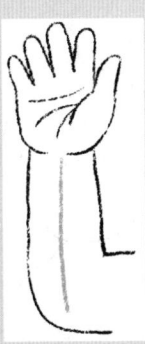

将食指和中指并拢，用指腹自腕推至肘，快速推摩天河水，手法连贯。

次数：300～500次。

频率：150～200次/分。

解决烦恼，妈妈有办法

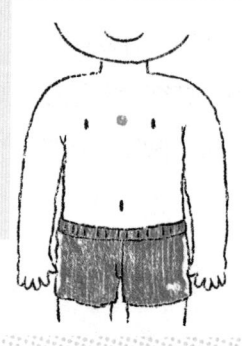

③ 按揉膻中

用拇指指腹稍用力旋转按揉膻中穴，力度轻柔，以有酸胀感为宜。

时间：2~3分钟。

频率：150~200次/分。

④ 按天突

将食指、中指合并，以两指指腹沿顺时针方向揉按天突穴，力度轻柔。

时间：2~3分钟。

频率：150~200次/分。

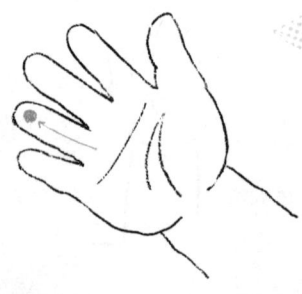

⑤ 清肺经

用拇指指腹由无名指指根推到指尖，反复操作，力度轻柔，手法连贯。

次数：300~500次。

频率：150~200次/分。

巧手妈妈的药食疗方

大蒜糖水

原料：大蒜15~30克，白糖适量。

做法：将大蒜去皮，洗净，捣烂，开水浸泡4～8小时，或加水一碗煮1～2沸，滤其汁，调入白糖，分2～3次服用。

功效：润肺化痰，止咳解毒。适用于百日咳。

罗汉果柿饼汤

原料：罗汉果半个，柿饼3个，冰糖30克。

做法：将罗汉果和柿饼加清水两碗半共煮至一碗半，再下冰糖，去渣。1天分3次饮完。

功效：清肺热，去痰火。适用于小儿百日咳及痰火咳嗽等病症。

花生冰糖汤

原料：生花生仁40粒，冰糖12克。

做法：将花生仁用水泡去皮，打碎如泥，加冰糖，水煮成乳糜状汁液为度，临睡时连渣饮服，连服3～5次。

功效：健脾养胃，润肺化痰。适用于小儿百日咳及麻疹、肺炎后期遗留的咳嗽有燥象者。

发热 —— 面红 —— 高热 —— 目赤 —— 呼吸不畅

小儿发热一般伴有面赤唇红、烦躁不安、大便干燥。孩子的正常体温是 36～37.3℃，只要体温超过 37.3℃即为发热。低度发热体温介于 37.3～38℃，中度发热体温为 38.1～39℃，高度发热体温为 39.1～40℃，超高热为体温 40℃或以上。推拿相关穴位可以解表退热，促进局部的血液循环，激发孩子的免疫力。

解决烦恼，妈妈有办法

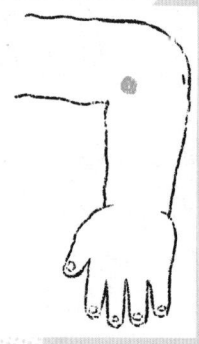

① 拍曲池

搓热掌心，手掌呈中空状，有节奏地拍打曲池穴，力度适中，以有酸胀感为宜。

次数：100～200 次。

频率：150～200 次/分。

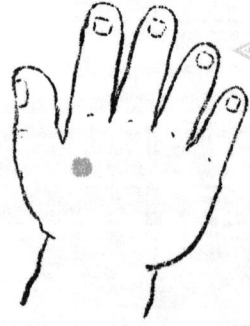

② 点揉合谷

用拇指指腹点揉合谷，力度由轻至重，手法连贯，以有酸胀感为宜。

次数：100～200 次。

频率：150～200 次/分。

解决烦恼,妈妈有办法

③ 清天河水

将食指和中指并拢,用两指指腹自腕推至肘,快速推摩天河水。

次数:300～500次。

频率:150～200次/分。

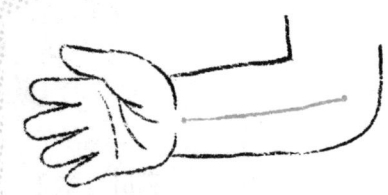

④ 退六腑

食指和中指并拢,用指腹自肘而下推摩六腑,手法连贯,以有酸胀感为宜。

次数:300～500次。

频率:150～200次/分。

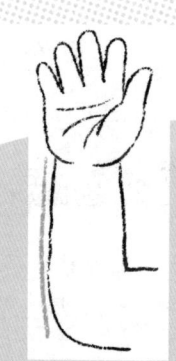

⑤ 清肺经

用拇指指腹由无名指指根推到指尖,反复操作,手法连贯,以有酸胀感为宜。

次数:300～500次。

频率:150～200次/分。

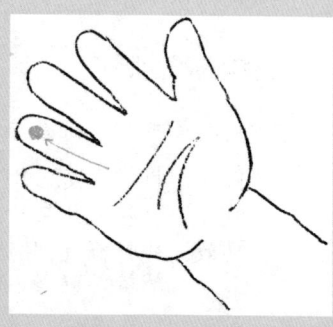

巧手妈妈的药食疗方

荷叶莲藕粥

原料：鲜荷叶1张，鲜莲藕1节，粳米30克，白糖适量。

做法：先将荷叶洗净煎汤500毫升左右，滤后取汁，再将莲藕洗净切成碎粒，与粳米一起加入荷叶汁中煮成稀粥，加白糖调味后食用，每日3次。

功效：清热解暑，降压降脂。适用于小儿发热。

冬瓜苡米饮

原料：冬瓜150克，薏苡仁100克，冰糖适量。

做法：冬瓜削皮去瓤，洗净切片；薏苡仁洗净，锅置火上，倒入清水，先将薏苡仁煮熟，再加入冬瓜煮10分钟，调入冰糖，即可食用。

功效：利尿消肿，清热解毒。适用于小儿发热。

中药汤泡脚

原料：黄芪、白术、藿香、佩兰各15克。

做法：将诸药浸泡15分钟后，置炉上旺火煮沸，转文火煮5分钟后，将药液倒入浴盆中，待温后行足浴，每次15～20分钟，每日2次，每日1剂，连续7～10天。

功效：补脾益气，甘温除热。适用于小儿夏季热久病不愈，时或发热，气短，肢软乏力，纳呆，口渴，尿多而清长，大便溏薄者。

口疮　　口腔溃疡　　拒进食　　口舌疼痛　　烦躁不安

口疮，又称为"口疡"，是婴幼儿时期常见的口腔疾病，以齿龈、舌体、面颊、上颚等处出现黄白色溃疡为主症，其特点是疼痛拒食、烦躁不安。孩子进食过热、过硬的食物，或擦洗婴幼儿口腔时用力过大，都会损伤口腔黏膜而引起发炎、溃烂。推拿相关穴位可以通络导滞、除烦清热，有效改善口疮症状。

解决烦恼，妈妈有办法

① 清肾经

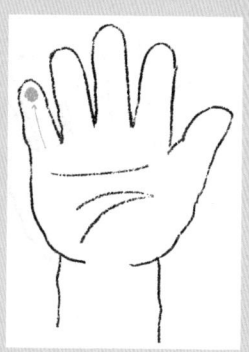

用拇指指腹稍用力自小儿小指指根推到指尖，手法连贯，以有酸胀感为宜。

次数：300～500 次。

频率：150～200 次/分。

② 退六腑

将食指和中指并拢，用指腹自肘而下推摩六腑，以有酸胀感为宜。

次数：300～500 次。

频率：150～200 次/分。

解决烦恼，妈妈有办法

③ 清天河水

食指和中指并拢，用指腹自腕推至肘，快速推摩天河水，手法连贯。

次数：300～500次。

频率：150～200次/分。

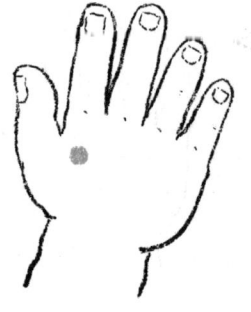

④ 点揉合谷

用拇指指腹点揉合谷穴，由轻至重，手法连贯，以有酸胀感为宜。

时间：2～3分钟。

频率：150～200次/分。

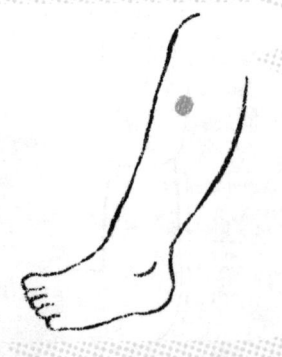

⑤ 按揉足三里

用拇指用力按压足三里穴1下，再顺时针揉按此穴3下，为1次。

时间：2～3分钟。

频率：30次/分。

巧手妈妈的药食疗方

冰糖银耳羹

原料：银耳 10～12 克，冰糖若干。

做法：将银耳放入温开水浸一小时左右，待银耳发涨后再加冷开水及冰糖适量，放蒸锅内蒸熟，一顿或分顿食用，每日 1 次。

功效：滋阴降火。适用于虚火上浮型口疮，症见口腔溃烂，斑点较少，表面色黄白，周围颜色淡红，神疲颧红，虚烦口干，且反复发作。

绿豆橄榄粥

原料：绿豆 100 克，橄榄 5 个，白糖 50 克。

做法：将绿豆、橄榄同煮为粥，加入白糖拌匀即可。吃绿豆喝汤，每日服 1 次，5 次为 1 个疗程。

功效：清热润肺，解毒生津。适用于百日咳初咳期患儿。

荷叶冬瓜汤

原料：鲜荷叶 1 张，鲜冬瓜 500 克。

做法：将荷叶、冬瓜加水煮汤另加食盐调味，饮汤食冬瓜。

功效：清心泄热。适用于心火上炎型口疮，症见舌上糜烂或溃疡，色红疼痛，饮食困难，烦躁常哭，口干欲饮，小便短赤。

扁桃体炎 咽痛 头痛 食欲下降 发热 吞咽困难

扁桃体炎是儿童时期的常见病及多发病，4～6岁的儿童发病率较高。扁桃体位于扁桃体隐窝内，是人体呼吸道的第一道免疫屏障。但它的防御能力有限，当吸入的病原微生物数量较多或毒力较强时，就会引起相应的临床症状，发生炎症。采用小儿推拿疗法辅助治疗，可以通经祛瘀、散结利咽、扶正祛邪，缓解扁桃体炎的症状。

解决烦恼，妈妈有办法

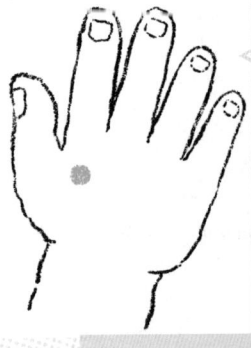

① 点揉合谷

用拇指指腹点揉合谷，力度由轻至重，手法连贯，以有酸胀感为宜。

时间：2～3分钟。

频率：150～200次/分。

② 揉内关

一手握小儿的手，掌心向上，用另一手拇指指端沿顺时针方向揉按内关穴。

次数：300～500次。

频率：150～200次/分。

解决烦恼,妈妈有办法

③ 按揉膻中

用拇指指腹旋转按揉膻中穴,力度轻柔,手法连贯,以有酸胀感为宜。

时间:2~3分钟。

频率:150~200次/分。

④ 清肺经

用拇指指腹由无名指指根推到指尖,反复操作,手法连贯,以有酸胀感为宜。

次数:300~500次。

频率:150~200次/分。

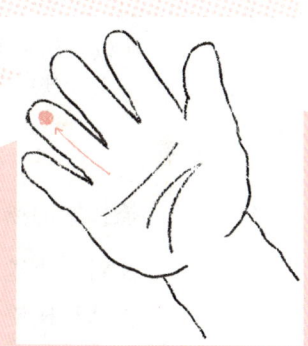

⑤ 清心经

一手托住小儿的手掌,用另一手拇指指腹从中指指根推到指尖,力度适中。

次数:300~500次。

频率:150~200次/分。

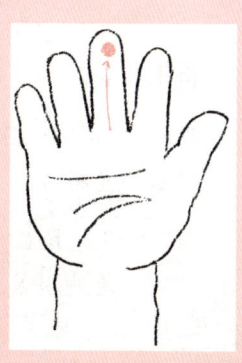

巧手妈妈的药食疗方

蒲公英粥

原料：干蒲公英40～60克（鲜品60～90克），粳米50～100克。

做法：取干蒲公英或鲜蒲公英（带根）洗净、切碎、煎取药汁、去渣，入粳米同煮为稀粥，以稀薄为好。每日2～3次，稍温服，3～5天为1个疗程。

功效：清热解毒，消肿散结。适用于肝炎、胆囊炎及急性扁桃体炎、尿路感染、急性结膜炎等。

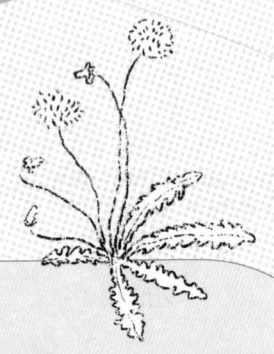

橄榄酸梅汤

原料：橄榄100克，酸梅10克，白糖适量。

做法：橄榄、酸梅分别洗净去核，加清水600毫升，小火煮半小时，去渣取汁，下白糖溶化。代茶饮用。

功效：清热解毒，生津止渴。适用于咳嗽痰多、扁桃体炎、急性咽炎。

青果萝卜饮

原料：白萝卜300克，青果10枚，精盐适量。

做法：先将白萝卜、青果分别洗干净；白萝卜刨去外皮，切成片或切成条状，与青果一同放入砂锅，加水适量，大火煮沸，后改用小火煮30分钟，加少许精盐，调匀即可。代茶饮用，早晚2次分服。

功效：清肺润喉，生津解毒。适用于扁桃体炎。

哮喘　抬肩喘息　咳嗽　胸闷　呼吸困难

哮喘是儿童时期常见的慢性呼吸系统疾病，主要以呼吸困难为特征。本病常反复发作，迁延难愈，病因较为复杂，危险因素很高，发病常与环境因素有关，临床表现为反复发作性喘息、呼吸困难、气促、胸闷或咳嗽。推拿相关穴位，可以宣肺调气、清热散结，提高孩子身体的免疫力，有效舒缓哮喘症状。

解决烦恼，妈妈有办法

① 揉按缺盆

用中指指腹揉按缺盆穴，力度由轻至重，手法连贯，以有酸胀感为宜。
时间：2～3分钟。
频率：150～200次/分。

② 揉按中府

用拇指指腹揉按中府穴，力度由轻至重，手法连贯，以有酸胀感为宜。
时间：2～3分钟。
频率：150～200次/分。

解决烦恼，妈妈有办法

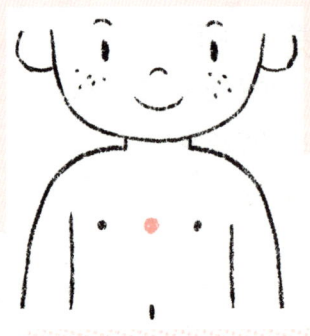

③ 揉膻中

用拇指指腹稍用力旋转按揉膻中穴，力度由轻至重，以有酸胀感为宜。

时间：2～3分钟。

频率：150～200次/分。

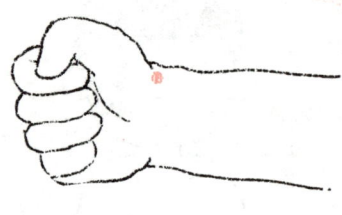

④ 按揉太渊

用拇指指腹按揉太渊穴，力度适中，手法连贯，对侧以同样的方法操作。

时间：2～3分钟。

频率：150～200次/分。

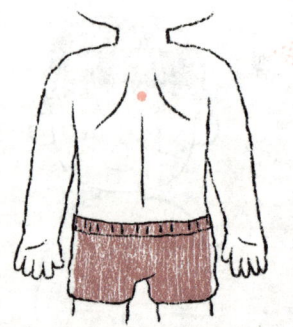

⑤ 按压身柱

用手指指腹端按压身柱穴，做环状运动，力度由轻至重，以酸胀感为宜。

时间：2～3分钟。

频率：150～200次/分。

巧手妈妈的药食疗方

鲫鱼方

原料：鲫鱼3条。

做法：将鲫鱼去肠杂，放砂锅中焙干研末。每次3~4.5克，早晚用饭汤送下。

功效：化痰、止咳、平喘，可用于哮喘。

无花果饮

原料：无花果适量。

做法：捣汁半杯，用开水冲服，每日1次，以愈为度。

功效：清肺热，平喘。可用于支气管哮喘。

仙人掌蜂蜜汤

原料：仙人掌60~100克，蜂蜜适量。

做法：水煎取汁，调入蜂蜜饮服，日1剂，分2次服。

功效：清热解毒，行气活血。可用于支气管哮喘，咯痰色黄。

内火旺

流鼻血　**鼻腔干燥**　**鼻出血**

流鼻血是儿科常见的临床症状之一，鼻腔黏膜中的微细血管分布较为浓密，且敏感而脆弱，容易破裂导致出血。引起偶尔流鼻血的原因有上火、心情焦虑，或被异物撞击、人为殴打等。鼻出血也可由鼻腔本身疾病引起。采用小儿推拿疗法刺激相关穴位，可以起到疏散风热、宣通气血、通利鼻窍的功效。

解决烦恼，妈妈有办法

① 按揉迎香

用中指指腹直接垂直按压在迎香穴上，依次沿顺、逆时针方向揉按，力度由轻至重。每天2次。

时间：2～3分钟。

频率：150～200次／分。

② 揉合谷

用拇指指腹点揉合谷，力度由轻至重，手法连贯，以有酸胀感为宜。

时间：2～3分钟。

频率：150～200次／分。

解决烦恼，妈妈有办法

③ 按揉太冲

先伸直拇指，用拇指指腹按揉太冲穴，再用拇指指腹推揉太冲穴。

时间：2～3分钟。

频率：150～200次/分。

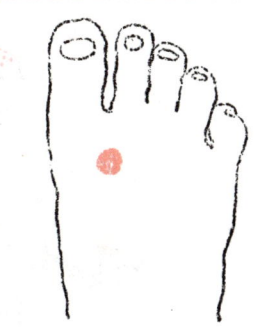

④ 按揉大敦

用拇指指腹按揉大敦穴，力度由轻到重，手法连贯，以有酸胀感为宜。

时间：2～3分钟。

频率：150～200次/分。

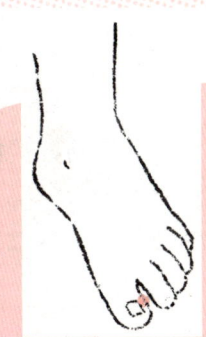

⑤ 清肺经

用食指指腹由无名指指根推到指尖，反复操作，以有酸胀感为宜。

次数：300～500次。

频率：150～200次/分。

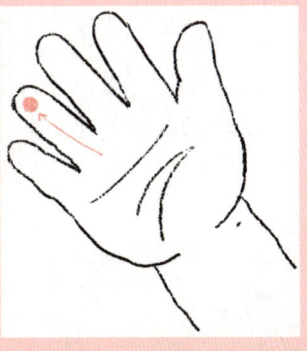

巧手妈妈的药食疗方

猪皮冻

原料：猪皮适量。

做法：将猪皮上的毛拔掉，切成小长块，放入锅中用水煮，直到将猪皮煮成烂熟，和锅里的水融为一体时，再将食盐、酱油等作料放入锅中，搅拌均匀，然后将肉皮汤搁到一边，让其冷却后自然凝固，或直接放入冰箱中让其冷冻。待凝固成肉皮冻后再取出切成小长条，加入醋、辣椒油、少量食盐及其他调料搅拌后，便成了可口的猪皮冻。

功效：和血脉、润肌肤，对鼻出血有改善作用。

石榴汁

原料：鲜石榴若干。

做法：洗净后去皮，捣烂绞取其汁液即成。直接饮用，1次100毫升。鼻血止后，可以再连续喝2～3次，有利于巩固疗效。

功效：生津止渴，收敛止血。主治因燥热伤肺引起的鼻出血。

消化不良

- 饮食不消
- 呕吐
- 腹部胀
- 哭闹

消化不良是由饮食不当或非感染性原因引起的儿童肠胃疾患。临床上有以下症状：餐后饱胀，偶有呕吐、哭闹不安等。这些症状都会影响孩子进食，导致身体营养摄入不足，发生营养不良概率增高，对生长发育也会造成一定的影响。在孩子消化不良时，推拿相关穴位，可以促进肠胃蠕动，提高肠胃的吸收功能，有效缓解孩子的肠胃不适。

解决烦恼，妈妈有办法

① 按揉中脘

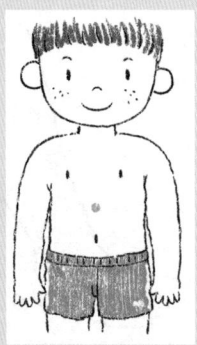

用手掌紧贴中脘穴周围皮肤移动，以此揉动皮下的组织，幅度逐渐扩大。
时间：2~3分钟。
频率：150~200次/分。

② 揉天枢

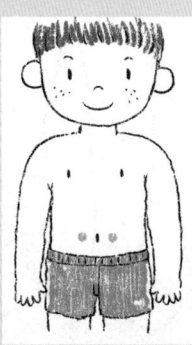

将拇指指腹按压在天枢穴上，沿顺时针的方向揉按，力度由轻至重。
次数：80~100次。
频率：50~100次/分。

解决烦恼，妈妈有办法

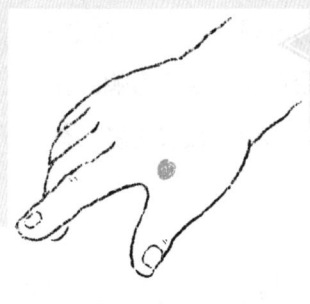

③ 揉合谷

用拇指指腹点揉合谷，力度由轻至重，手法连贯，以有酸胀感为宜。

时间：2～3分钟。

频率：150～200次/分。

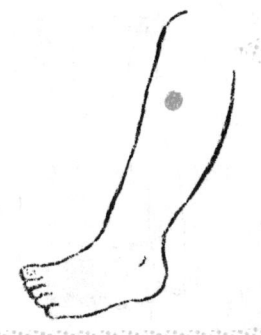

④ 按揉足三里

用拇指用力按压足三里穴1下，然后沿顺时针的方向揉按3下，为1次。

时间：2～3分钟。

频率：30次/分。

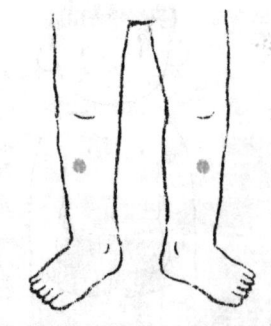

⑤ 按揉上巨虚

用食指指腹用力按压上巨虚1下，然后沿顺时针的方向揉按3下，为1次。

次数：100～300次。

频率：150～200次/分。

巧手妈妈的药食疗方

鸡肉馄饨

原料：鸡肉250克，白面150克，油、盐、酱油、醋各少许。

做法：鸡肉剁成馅，白面和水擀作片，切成三角块。鸡肉馅以酱油、盐、油调匀，将面片裹肉馅包成馄饨煮熟，盛于碗内，再加调料。空腹食之，每日2次。

功效：补虚、暖胃、壮体，适用于消化不良。

陈皮鸭

原料：鸭1只，陈皮6克，胡椒粉、酱油、料酒、奶汤、鸡汤各适量。

做法：将鸭洗净，开膛去杂物，加水煨炖，稍烂将鸭取出，晾凉拆去鸭骨。把拆骨鸭胸脯朝上放在搪瓷盆内，再将炖鸭的原汤、奶汤、鸡汤烧沸，加料酒、酱油、胡椒粉，搅匀，倒入搪瓷盆内，陈皮切丝放在鸭的上面，入笼蒸（或隔水蒸）30分钟即成药膳。

功效：健脾益气、消食和中。适用于脾胃虚弱、食欲不振、营养不良者。

便秘　腹胀　大便燥结　口臭　排便困难

小儿便秘是指小儿1周内排便次数少于3次的病症。新生儿正常排便为出生1周后1天排便4~6次，3~4岁的小儿正常排便次数为1天1~2次。便秘严重会影响到儿童的记忆力和智力发育，还可能导致遗尿、大小便失禁等症状。用推拿疗法刺激相关穴位，可以改善局部的血液循环，促进胃肠蠕动，对功能性便秘尤为有效。

解决烦恼，妈妈有办法

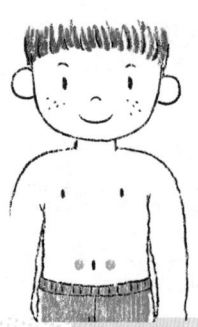

① 揉天枢

将拇指指腹按压在天枢穴上，沿顺时针的方向揉按，力度由轻至重，以有酸胀感为宜。

次数：80~100次。

频率：50~100次/分。

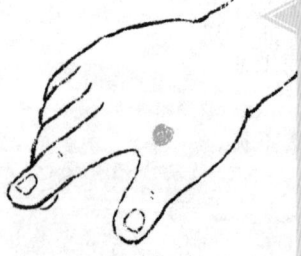

② 揉合谷

用拇指指腹点揉合谷，力度由轻至重，手法连贯，以有酸胀感为宜。

时间：2~3分钟。

频率：150~200次/分。

解决烦恼，妈妈有办法

③ 揉按足三里

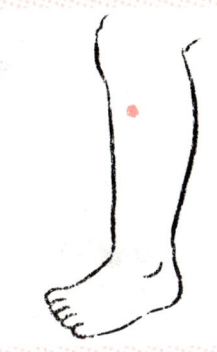

用拇指用力按压足三里穴1下，然后以顺时针的方向揉按3下，为1次。

时间：2~3分钟。

频率：30次/分。

④ 清大肠经

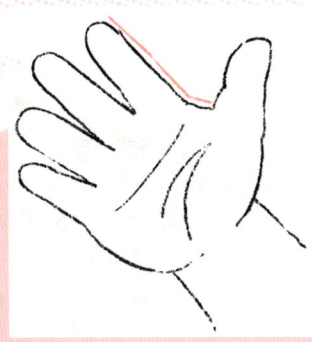

用一手拇指从小儿的虎口直线推向食指指尖为清，称清大肠。

次数：150~500次。

频率：150~200次/分。

⑤ 揉按大肠俞

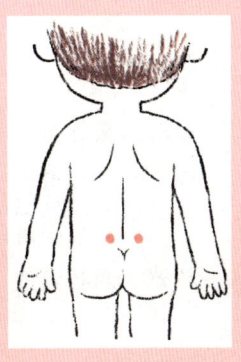

用拇指指端按压在大肠俞穴上，沿顺时针方向回旋揉动，力度一般由轻至重。

次数：50~100次。

频率：80~100次/分。

巧手妈妈的药食疗方

奶蜜葱汁

原料：牛奶250克，蜂蜜100克，葱白100克。

做法：先将葱白洗净，捣烂取汁；牛奶与蜂蜜一起煮，开锅下葱汁再煮即成。每早空腹服用。

功效：补虚，除热，通便。

白萝卜方

原料：白萝卜250克。

做法：白萝卜洗净去皮，切块，加水煮烂后食用。

功效：白萝卜中含有丰富的膳食纤维，可以促进肠胃的蠕动，消除便秘，起到排毒的作用。

芝麻粥

原料：黑芝麻6克，粳米50克，蜂蜜少许。

做法：将芝麻用中火炒熟，取出；粳米洗净。粳米放入锅内，加清水适量，煮至八成熟时，放入芝麻和蜂蜜，拌匀，继续煮至米烂成粥即可。每日2次，早晚服用。

功效：润肠通便，适用于便秘。

腹泻　腹胀　肠鸣　腹痛　便稀　免疫差

小儿腹泻是由多种原因引起的临床综合征，多见于2岁以下的婴幼儿。可由饮食不当或肠道细菌感染或病毒感染引起，以大便次数增多、腹胀肠鸣、粪便酸腐臭秽，或粪质稀薄及出现黏液等为其主要临床表现。腹泻严重的孩子可导致身体脱水、酸中毒等现象。通过推拿，可以帮助孩子培元固本、和胃理肠、理气止痛，有效缓解腹泻症状。特别是对于脾胃不和引起的长期慢性腹泻，有显著疗效。

解决烦恼，妈妈有办法

① 摩神阙

把手掌放在神阙穴上，手掌不要紧贴皮肤，在皮肤表面沿顺时针方向做回旋性摩动。

时间：2～3分钟。

频率：150～200次/分。

② 按揉中脘

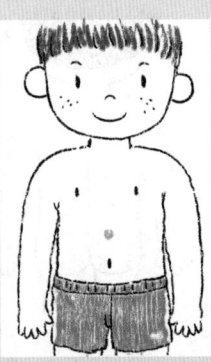

用手掌紧贴中脘，与穴位之间不能移动，而皮下的组织要被揉动，幅度逐渐扩大。

时间：2～3分钟。

频率：150～200次/分。

解决烦恼,妈妈有办法

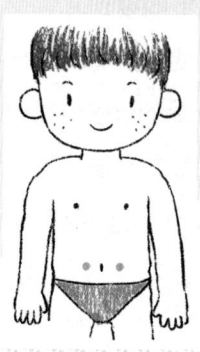

③ 揉天枢

将拇指指腹按压在天枢穴上,沿顺时针的方向揉按,以有酸胀感为宜。

次数:80~100次。

频率:50~100次/分。

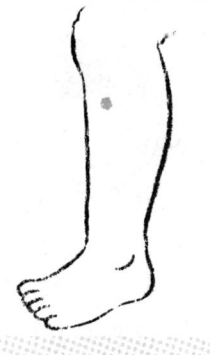

④ 按揉足三里

用拇指用力按压足三里穴1下,然后以顺时针的方向揉按3下,为1次。

时间:2~3分钟。

频率:30次/分。

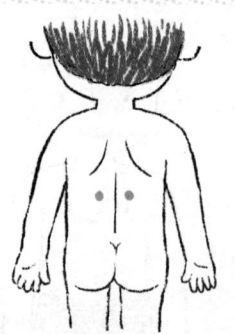

⑤ 按揉脾俞

用拇指指端点按脾俞穴,依次沿顺、逆时针方向揉按,力度由轻至重再至轻。

时间:1分钟。

频率:50~100次/分。

巧手妈妈的药食疗方

山药蛋黄粥

原料：山药500克，鸡蛋2个。

做法：山药去皮捣碎，加水适量，先用武火烧开，后用文火煮10分钟，再调入鸡蛋黄2个，煮3分钟即可，分数次食用。

功效：主要适用于脾虚型小儿腹泻，症见腹泻经久不愈，大便稀薄，带有白色奶块，食欲减退，消瘦乏力。多见秋季腹泻后期或久泻不愈者。

高粱小米粥

原料：高粱、小米、苹果各20克。

做法：先将高粱、小米放入锅中炒黄，然后研成细粉；苹果洗净，切成小块备用。锅中加水适量，苹果块放入锅中，烧沸后将高粱小米粉放入碗中，加凉水少许调成糊状，然后倒入锅中煮成粥即可。分次喝粥吃苹果，每天2次。

功效：健脾益胃，补虚益肾。适用于湿重型腹泻伴有腹胀消化不良的患儿。

糯米固肠粥

原料：糯米30克，山药15克，胡椒末少许，白糖适量。

做法：先将糯米炒黄，山药研成细末，然后把二者放入锅内加水适量煮成粥，熟后加胡椒末少许，白糖适量调服，每天2次。

功效：健脾暖胃，温中止泻。适用于小儿脾胃虚弱型腹泻。

流涎

口角流涎　唾液多

小儿流涎症，俗称"流口水"，是指唾液不自觉从口内溢出的一种症状。多见于6个月至1岁半的宝宝，其原因有生理的和病理的两种。病理因素常见于口腔和咽部黏膜炎症、面神经麻痹、脑炎后遗症等所致的唾液分泌过多，吞咽不利也可导致流涎。中医认为，小儿流涎主要是脾虚引起，通过推拿调理相关穴位，可以健脾和胃、化痰止呕、和中理气，有效改善流涎症状。

解决烦恼，妈妈有办法

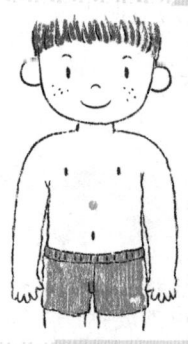

① 按揉中脘

用拇指指腹按揉中脘穴，力度由轻至重，手法连贯，以有酸胀感为宜。

时间：2～3分钟。

频率：150～200次/分。

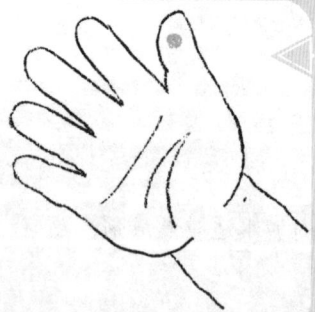

② 推脾经

将拇指屈曲，沿拇指螺纹面旋推脾经穴，力度适中。

时间：2～3分钟。

频率：150～200次/分。

解决烦恼,妈妈有办法

③ 揉板门

用拇指揉按大鱼际,称为揉板门,先沿顺时针方向揉,再自指根推向掌横纹。

时间:2~3分钟。

频率:150~200次/分。

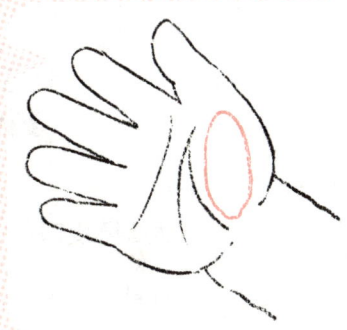

④ 运外劳宫

先用拇指沿顺时针方向揉按外劳宫,再用拇指指甲逐渐用力掐按外劳宫。

时间:2~3分钟。

频率:150~200次/分。

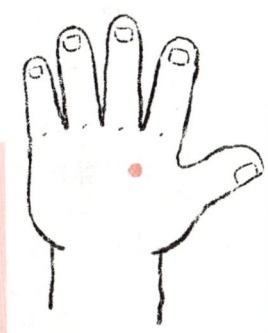

⑤ 推三关

合并一手的食指、中指,用两指指腹从小儿手腕推向肘部。

时间:2~3分钟。

频率:150~200次/分。

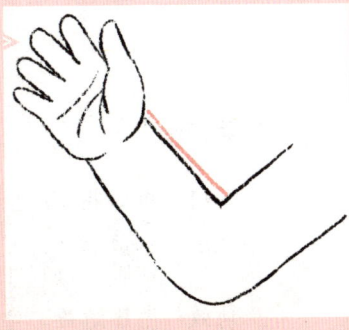

巧手妈妈的药食疗方

大枣陈皮饮

原料：大枣5枚，陈皮5克，竹叶5克。

做法：将大枣、陈皮、竹叶用水煎服。每日1次，分2次饮服，连服3~5次。

功效：健脾益气，止涎。适用于小儿流涎。

肉桂外敷

原料：肉桂10克，醋适量。

做法：将肉桂研为细末，与醋调成糊饼状。在小儿睡前将药饼贴在两足心处，用纱布固定，次晨取下，连敷3~5日。

功效：温中补阳、散寒止痛，对小儿流涎有较好的疗效。

菊花汤

原料：杭菊花10克，蜂蜜适量。

做法：水煎取汁，候温，加适量蜂蜜，分2~3次饮服，每日1剂。

功效：清热解毒。适用于小儿流涎属脾胃积热者。

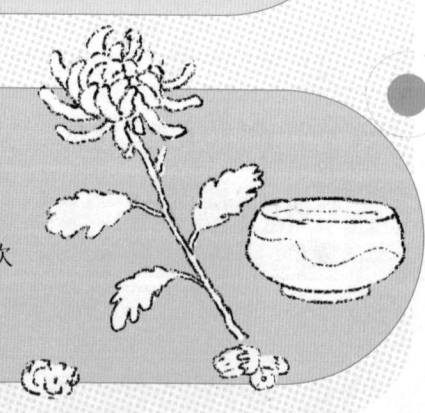

盗汗　口干　口渴　气阴虚

小儿盗汗是指小孩在睡熟时全身出汗，醒则汗止的病症。对于生理性盗汗一般不主张药物治疗，而是采取相应的措施，去除生活中导致汗出的因素。中医认为，汗为心液，若盗汗长期不止，心肾元气耗伤将十分严重，中医多主张积极治疗疾病的根源。通过推拿刺激相关穴位，可以起到补肾、滋阴、止汗、安神的作用。

解决烦恼，妈妈有办法

① 清天河水

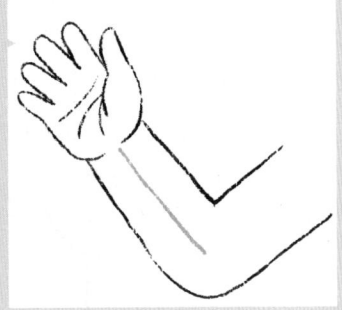

将食指和中指并拢，用指腹自腕推至肘，快速推摩天河水，力度适中。

次数：300～500次。

频率：150～200次/分。

② 揉小天心

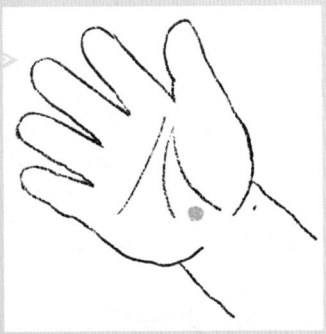

一手持小儿四指，用另一手的食指、中指指端揉按小天心，再用拇指指甲逐渐用力掐按。

时间：1分钟。

频率：50～100次/分。

解决烦恼，妈妈有办法

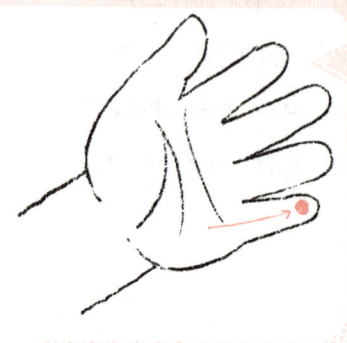

③ 清肾经

用拇指指腹自小儿小指指根推到指尖，力度由轻至重再至轻。

次数：300～500次。

频率：150～200次/分。

④ 补脾经

将拇指屈曲，循拇指桡侧缘由小儿的指尖向指根方向直推，力度适中。

时间：2～3分钟。

频率：150～200次/分。

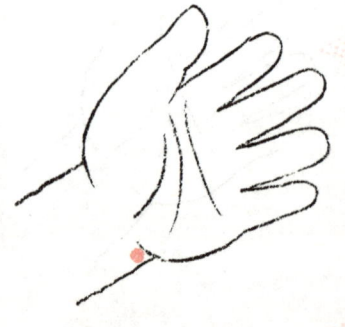

⑤ 揉按神门

用拇指沿顺时针方向揉按神门穴，力度适中，手法连贯，以有酸胀感为宜。

时间：1分钟。

频率：50～100次/分。

巧手妈妈的药食疗方

糯米糖水

原料：带壳糯米50克，红糖适量。

做法：将其放入铁锅中，用文火炒至糯米开花爆裂，然后放入杯内，加开水及适量红糖，放锅中隔水炖50分钟，取出冷却后饮用。每日1剂，连服1周。

功效：益气固表止汗。适用于体虚自汗。

浮小麦粉

原料：浮小麦（即干瘪轻浮的小麦，中药店有售）50克。

做法：将浮小麦用文火炒至焦黄，然后研成细末，装瓶备用。每次取浮小麦粉5克，用米汤调服，每日2次。

功效：补益心气，收敛心液。适用于盗汗。

浮小麦大枣汤

原料：浮小麦、大枣各50克。

做法：水煎服，每日1剂，2次分服。

功效：益气除热，养血安神。适用于盗汗。

湿疹 **皮疹** **湿热** **过敏** **瘙痒**

小儿湿疹是一种变态反应性皮肤病,即平常说的过敏性皮肤病,主要是对食入物、吸入物或接触物不耐受或过敏所致。患有湿疹的孩子起初皮肤发红,出现皮疹,继之皮肤粗糙、脱屑,抚摸孩子的皮肤如同触摸在砂纸上一样。通过推拿相关穴位,可以健脾化湿、祛风凉血,促进新陈代谢,有效排出体内湿气,缓解湿疹症状。

解决烦恼,妈妈有办法

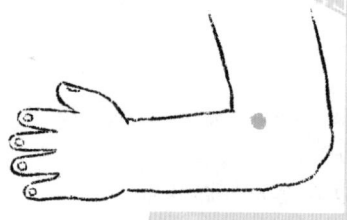

① 按揉曲池

一手抬起小儿的手,用另一手拇指指腹按揉曲池穴,力度由轻至重,以有酸胀感为宜。

次数:100～200 次。

频率:150～200 次/分。

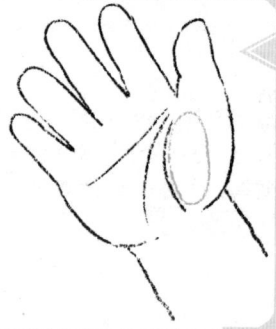

② 揉板门

用拇指揉按小儿大鱼际,称为揉板门,先沿顺时针方向揉,再用推法自指根推向横纹。

时间:2～3 分钟。

频率:150～200 次/分。

解决烦恼,妈妈有办法

③ 按揉脾俞

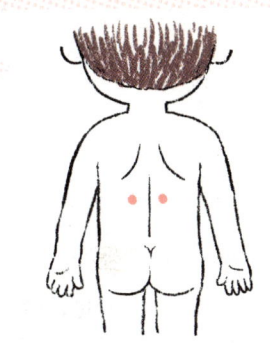

用拇指指端点按脾俞穴,依次沿顺、逆时针方向揉按,力度由轻至重再至轻。
时间:1分钟。
频率:50~100次/分。

④ 按揉足三里

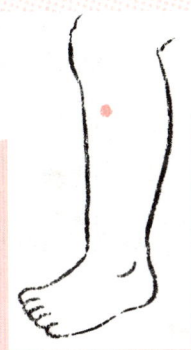

用拇指用力按压足三里穴1下,然后沿顺时针的方向揉按3下,为1次。
时间:2~3分钟。
频率:30次/分。

⑤ 按揉胃俞

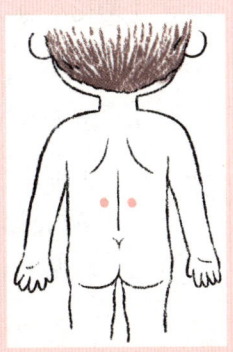

用拇指指端按压在胃俞上,沿顺时针方向做回旋揉动。
时间:1分钟。
频率:50~100次/分。

巧手妈妈的药食疗方

玉米须内服外敷

内服方药：玉米须 10 克，莲子 50 克（去心），冰糖 15 克。

外敷方药：玉米须 250 克，芝麻油适量。

内服用法：将玉米须放入 800 毫升水中煮沸 20 分钟后捞出，再放莲子、冰糖，用微火炖成羹即可，每日服用 2 次，每次 200 毫升。

外敷用法：将玉米须烧成灰，研为细末，以芝麻油调成糊状，外敷患处，10 天为 1 个疗程。

功效：疏肝利胆，通利小便。适用于夏季湿疹。

苦丁菊花水煎

原料：苦丁 5 根，干菊花 10 朵，金银花 2~3 克。

用法：煎水取汁凉透后，用棉签擦洗患处。每天坚持涂 3~5 次，5 天即可见效。每天坚持用蘸后剩余的药水稀释后为孩子洗澡，能起到预防作用。洗澡水温为 36~40℃。

功效：清热利湿，疏风养血润燥。

宜忌：洗澡水不宜洗患处。

荨麻疹   **红色斑块**   **瘙痒**   **食物过敏**

儿童荨麻疹多是过敏反应所致，是一种常见的皮肤病。患儿在接触过敏原的时候，会在皮肤表面出现一块块形状、大小不一的红色斑块，并伴有明显的瘙痒。引起荨麻疹的原因很多，花粉、灰尘，甚至一些食物也能成为过敏原。采用小儿推拿疗法辅助治疗，可以疏风解表、调和气血、燥化脾湿，有效缓解荨麻疹症状。

解决烦恼，妈妈有办法

① 拿揉风池

用拇指指腹点揉风池穴，力度由轻至重，手法连贯，以有酸胀感为宜。

次数：50～80次。

频率：50～100次/分。

② 揉捏血海

将拇指与食指、中指相对呈钳形，一紧一放揉捏血海穴，力度由轻至重，以有酸胀感为宜。

时间：1分钟。

频率：50～100次/分。

解决烦恼，妈妈有办法

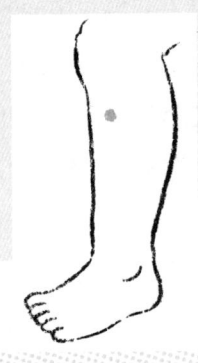

③ 按揉足三里

用拇指用力按压足三里穴1下，然后沿顺时针的方向揉按3下，为1次。

时间：2~3分钟。

频率：30次/分。

④ 补脾经

循拇指桡侧缘由小儿的指尖向指根方向直推，力度由轻至重。

时间：2~3分钟。

频率：150~200次/分。

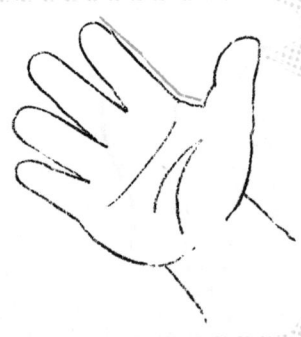

⑤ 清大肠经

一手拇指螺纹面从小儿的虎口直推向食指指尖，称清大肠经。

次数：150~500次。

频率：150~200次/分。

巧手妈妈的药食疗方

黄芪栗子鸡

原料：栗子100克，黄芪50克，老母鸡1只，葱白20克，姜10克。

做法：母鸡开膛洗净去内脏，栗子去皮洗净，葱白切段，与黄芪同炖，吃肉喝汤。

功效：祛风固表，适用于风寒型荨麻疹。

山楂炒肉丁

原料：山楂30克，猪瘦肉300克，红花10克。

做法：山楂洗净，猪瘦肉切丁，红花油炸后去渣，加入肉丁煸炒，放调料后加山楂，炒熟即可。适量服食。

功效：活血通络，适用于荨麻疹，症见风疹黯红、面色晦暗、口唇色紫等。

姜醋木瓜方

原料：鲜木瓜60克，生姜12克，米醋100毫升。

做法：共入砂锅煎煮，醋干时，取出木瓜、生姜，早、晚2次服完，每日1剂，以治愈为度。

功效：疏风，解表，止痒。辅助治疗荨麻疹遇冷加剧者。

牙痛　牙龈肿痛　胃火盛　龋齿

孩子牙痛一般是上火、牙周炎、龋病等原因引起。痛时往往伴有不同程度的牙龈肿胀，一般6岁左右的儿童患病较多。一般来说，孩子牙痛和龋齿有很大关系，而龋齿产生的主要原因是没有良好的卫生习惯。经推拿刺激相关穴位，可以宣肺调气、祛风清热、活络消肿，有效缓解牙痛症状。

解决烦恼，妈妈有办法

① 揉按缺盆

用中指指腹揉按缺盆穴，力度适中，手法连贯，以有酸胀感为宜。

时间：2～3分钟。

频率：60次/分。

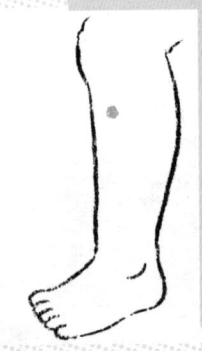

② 按揉足三里

用拇指用力按压足三里穴1下，然后沿顺时针的方向揉按3下，称"一按三揉"，为1次。

时间：2～3分钟。

频率：30次/分。

解决烦恼,妈妈有办法

③ 拿捏肩井

将拇指、食指、中指相对呈钳状,捏揉肩井穴,以有酸胀感为宜。

时间:2~3分钟。

频率:60次/分。

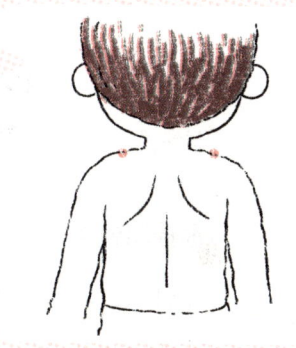

④ 揉合谷

用拇指指腹点揉合谷穴,力度由轻至重,手法连贯,以有酸胀感为宜。

时间:2~3分钟。

频率:150~200次/分。

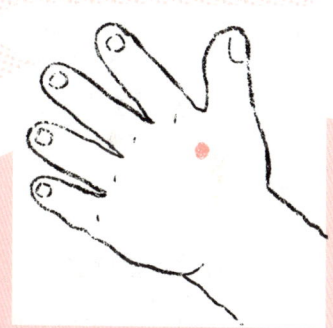

⑤ 掐按太溪

用拇指指尖掐按太溪穴,力度由轻至重,手法连贯,以有酸胀感为宜。

时间:2~3分钟。

频率:40次/分。

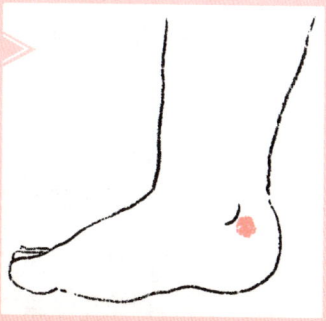

巧手妈妈的药食疗方

凉拌蒲公英

原料：新鲜蒲公英 500 克，熟芝麻粉 20 克。

做法：新鲜蒲公英拣杂，洗净，保留其根头部分，入沸水锅中氽透，捞出，切成 3 厘米长的段，放入盘中，撒上熟芝麻粉，加酱油、红糖、精盐各少许，拌匀调味，淋入麻油即可。佐餐或当菜，随意服食，当日吃完。

功效：去胃火，止牙痛。

绿豆鸡蛋糖水

原料：绿豆 100 克，鸡蛋 1 个，冰糖适量。

做法：将绿豆捣碎，用水洗净，放锅里加水适量，煮至绿豆烂熟；把鸡蛋打入绿豆汤里，搅匀，稍凉后一次服完，连服 2～3 天。

功效：清热解毒，适合口腔红肿热痛的风热牙痛者食用。

苹果胡萝卜汁

原料：苹果 250 克，胡萝卜 200 克。

做法：苹果、胡萝卜洗净，绞汁搅和均匀。分 2～3 次服用。

功效：润肠通便，滋阴清热。适用于口腔溃疡、口腔炎，缓解牙痛症状。

鼻炎 — 鼻塞、流鼻涕、鼻痒、过敏性鼻炎

鼻炎是指鼻腔黏膜和黏膜下组织出现的炎症,从发病的急缓及病程的长短来说,可分为急性鼻炎和慢性鼻炎。过敏性体质的儿童容易患过敏性鼻炎,临床以鼻塞、流鼻涕、遇冷空气打喷嚏为主要症状。长期鼻阻塞和张口呼吸会影响孩子面部和胸部的发育。通过小儿推拿疗法,可以疏通经络、调和气血,增强机体免疫力,对鼻炎的治疗起到很好的辅助效果。

解决烦恼,妈妈有办法

① 揉合谷

用拇指指腹点揉合谷穴,力度由轻至重,手法连贯,以有酸胀感为宜。

时间:2~3分钟。

频率:150~200次/分。

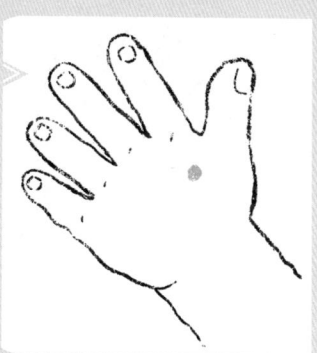

② 按揉攒竹

用拇指指腹按压攒竹穴,顺时针揉按,力度由轻至重,手法连贯,以有酸胀感为宜。

时间:2~3分钟。

频率:150~200次/分。

解决烦恼,妈妈有办法

③ 点揉风池

用拇指指腹稍用力点揉风池穴,力度由轻至重,手法连贯,以有酸胀感为宜。

次数:50~80次。

频率:50~100次/分。

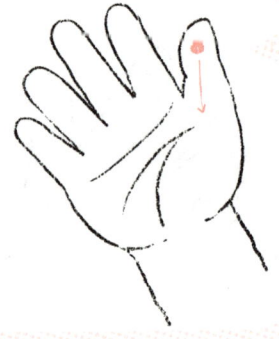

④ 补脾经

将拇指屈曲,循拇指桡侧缘由小儿的指尖向指根方向直推,手法连贯。

时间:2~3分钟。

频率:150~200次/分。

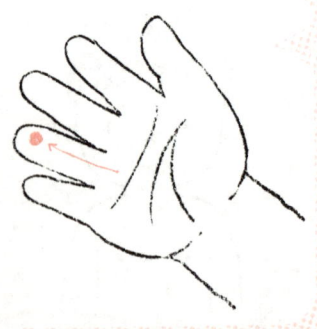

⑤ 清肺经

用拇指指腹由无名指指根推到指尖,反复操作,以有酸胀感为宜。

次数:300~500次。

频率:150~200次/分。

巧手妈妈的药食疗方

大枣黑糯米蛋粥

原料：黑糯米约70克，大枣12枚，鸡蛋2个。

做法：先把黑糯米与大枣洗净加水适量煮沸后，再把鸡蛋洗净放进粥中煮熟，捞起剥去壳再放进粥中煮10余分钟，然后添加适量油、盐等调味品，即可服食。每日1次，服用一段时间，必有疗效。

功效：暖胃，补中益气。适用于过敏性鼻炎。

辛夷煮鸡蛋

原料：辛夷花15克，鸡蛋2个。

做法：将辛夷花放入砂锅内加清水两碗，煎取一碗；将鸡蛋煮熟去壳，刺小孔数个；将砂锅复置火上倒入药汁煮沸，放入鸡蛋同煮片刻，饮汤吃蛋。

功效：通窍止脓涕，去头痛，滋养扶正，适用于慢性鼻窦炎。

神仙粥

原料：生姜6克，连须葱白6根，糯米60克，米醋10毫升。

做法：先将糯米洗后与生姜同煮，粥将熟时放入葱白，最后入米醋，稍煮即可食用。每日1次。

功效：祛风散寒，通窍止痛。适用于过敏性鼻炎属风寒型者。

疝气　腹痛　便秘　食欲不振　哭闹不安

疝气，即人体的某个组织或器官离开了原来的部位，通过人体间隙、缺损或薄弱点进入另一部位的状态。小儿疝气的症状最主要的是出现在腹股沟区，可以看到或摸到肿块，多是由于咳嗽、打喷嚏、过度啼哭等引起。用推拿疗法刺激相关穴位，能有效阻止疝气发展，缓解疝气导致的腹胀、腹痛、便秘等症状。

解决烦恼，妈妈有办法

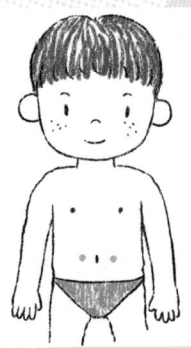

① 揉天枢

将拇指指腹按压在天枢穴上，沿顺时针的方向揉按，力度由轻至重，以有酸胀感为宜。

次数：80～100次。

频率：50～100次/分。

② 揉气海

合并食指、中指，以两指指腹按压在气海穴上，沿顺时针的方向揉按。

次数：50～80次。

频率：80～100次/分。

解决烦恼,妈妈有办法

③ 按压气冲

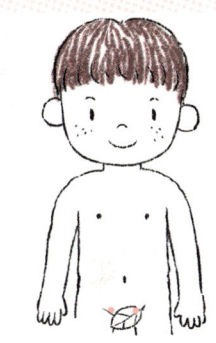

用手指指腹按压气冲穴,力度由轻至重,手法连贯,以有酸胀感为宜。

次数:50～80次。

频率:80～100次/分。

④ 按压归来

用掌心按压归来穴,力度由轻至重再至轻,手法连贯,以有酸胀感为宜。

次数:50～80次。

频率:80～100次/分。

⑤ 揉关元

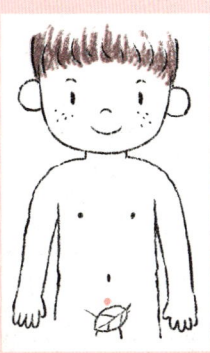

用手掌掌面按压在关元穴上,沿顺时针的方向揉按,力度由轻至重。

次数:50～80次。

频率:80～100次/分。

巧手妈妈的药食疗方

茴香粥

原料：小茴香15克，粳米100克。

做法：先煎小茴香，去渣取汁，然后入粳米煮为稀粥。每日分2次服，3～5日为1个疗程。

功效：行气止痛、健脾开胃，适用于小肠疝气、脘腹胀痛、睾丸肿胀偏坠，以及鞘膜积液、阴囊橡皮肿等症。

荔枝核粥

原料：荔枝核30克，粳米100克。

做法：先煎荔枝核，取汁，入粳米煮粥，任意食用。

功效：温中理气、止痛，适用于寒疝气痛、小腹冷痛等症。

茴香无花果饮

原料：无花果2个，小茴香9克。

做法：上料用水煎服。

功效：温中散寒，适用于疝气。

腓肠肌痉挛 —— 抽筋 / 疼痛难忍 / 缺钙 / 受凉

腓肠肌痉挛，俗称"小腿抽筋"，是指孩子在剧烈的运动时发生的小腿肌肉突然收缩，甚至有剧烈疼痛的症状。主要原因有外界环境影响、过度疲劳、全身脱水失盐、缺钙、动脉硬化等。中医把本病归属"痹证"范畴。通过按摩相关穴位，可以舒筋活络、解痉止痛，对于腓肠肌痉挛导致的小腿肌肉僵硬、剧痛等有显著疗效。

解决烦恼，妈妈有办法

① 按揉承山

用食指指腹由轻到重按揉两侧承山穴，手法连贯，以有酸胀感为宜。
时间：2～3分钟。
频率：150～200次/分。

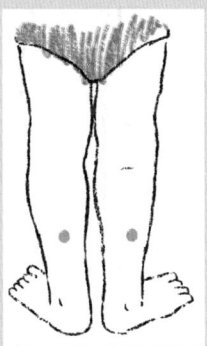

② 按揉承筋

用拇指指腹由轻到重按揉两侧承筋穴，手法连贯，以有酸胀感为宜。
时间：2～3分钟。
频率：150～200次/分。

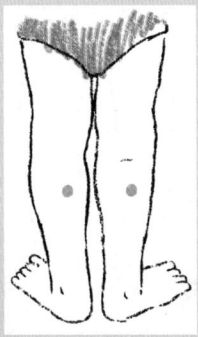

解决烦恼，妈妈有办法

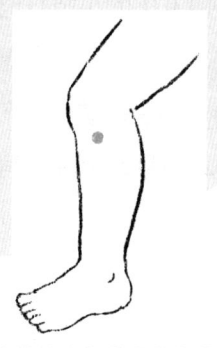

③ 弹拨阳陵泉

用手指由轻至重弹拨阳陵泉穴，手法连贯，以有酸胀感为宜。

时间：2～3分钟。

频率：150～200次/分。

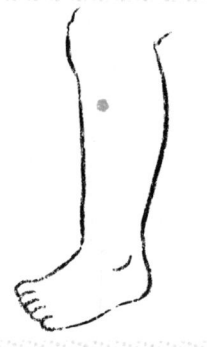

④ 拍打足三里

用手掌拍打足三里穴，然后沿顺时针的方向揉按，以有酸胀感为宜。

时间：2～3分钟。

频率：150～200次/分。

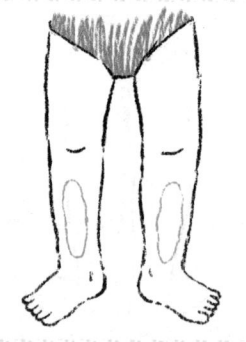

⑤ 按揉阿是穴

用拇指指腹点按阿是穴，力度由轻至重，手法连贯，以有酸胀感为宜。

时间：2～3分钟。

频率：150～200次/分。

巧手妈妈的药食疗方

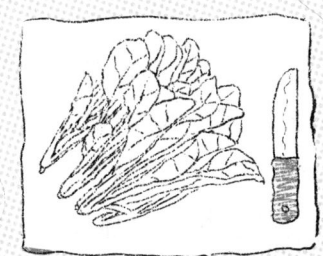

海带菠菜汤

原料：海带50克，菠菜200克，黄豆30克，精盐、麻油各适量。

做法：海带洗净切丝加水300毫升，煮15分钟，下入泡发好的黄豆煮沸后，再将洗净的菠菜切段放锅内，同煮10分钟，加入精盐，淋入麻油。分1~2次趁热食菜喝汤。

功效：补钙、补铁，增强体质，强健骨骼。

芝麻核桃仁

原料：黑芝麻250克，核桃仁250克，白砂糖50克。

做法：将黑芝麻拣去杂质，晒干，炒熟，与核桃仁同研为细末，加入白糖，拌匀后装瓶备用。每日2次，每次25克，温开水调服。

功效：滋补肾阴，强健骨骼。

虾皮豆腐汤

原料：虾皮50克，嫩豆腐200克。

做法：虾皮洗净后泡发；嫩豆腐切成小方块；加葱花、姜末及料酒，油锅内煸香后加水烧汤。

功效：补钙，补充优质蛋白，促进骨骼发育。

急性结膜炎 眼痛 眼痒 怕光 流泪 易传染

急性结膜炎又称"红眼病",主要通过接触传染,一般夏秋季发病率较高。主要临床表现为双眼红肿、发痒、怕光、流泪、眼屎多,一般不影响视力,但若不及时治疗,有可能转成慢性结膜炎。运用小儿推拿疗法,可以平肝清肺、祛风解毒,减轻眼内充血症状,使孩子安眠不闹。

解决烦恼,妈妈有办法

① 揉风池

用拇指指腹旋转按揉风池,力度由轻至重,手法连贯,以有酸胀感为宜。

时间:2~3分钟。

频率:150~200次/分。

② 按揉阿是穴

用拇指指腹点按阿是穴,力度由轻至重,手法连贯,以有酸胀感为宜。

时间:2~3分钟。

频率:150~200次/分。

解决烦恼,妈妈有办法

③ 按揉肝俞

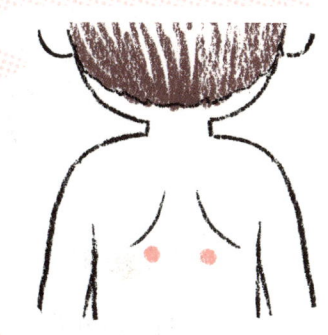

用拇指指腹按揉肝俞,力度由轻至重,手法连贯,以有酸胀感为宜。

时间:2~3分钟。

频率:150~200次/分。

④ 按揉太阳

两手食指指尖分别放于两侧太阳穴上,沿顺时针或逆时针方向揉太阳穴。

次数:150~500次。

频率:150~200次/分。

⑤ 揉按肝经

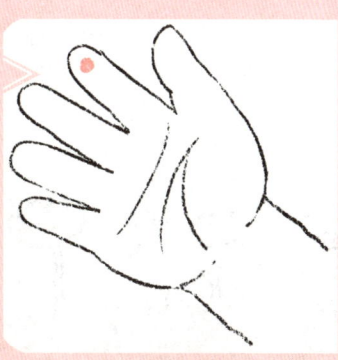

用食指指腹揉按肝经,力度由轻至重,手法连贯,以有酸胀感为宜。

次数:150~500次。

频率:150~200次/分。

巧手妈妈的药食疗方

枸杞芹菜粥

原料：新鲜芹菜叶60克，新鲜枸杞叶30克，粳米50克。

做法：将芹菜叶、枸杞叶分别洗净，粳米淘洗干净，同入砂锅内煮成菜粥，粥熟后，加入精盐，稍煮即可出锅成菜粥。

功效：补肾益精，明目养肝。

鲜羊胆方

原料：鲜羊胆1个，蜜糖1匙。

做法：鲜羊胆洗净以碗盛之，加蜜糖1匙，上笼隔水蒸一小时后，用小刀将羊胆刺破，使胆汁流出后饮其汁。3天服一次。

功效：清火、明目、解毒，适用于学龄前儿童患结膜炎反复发作者。

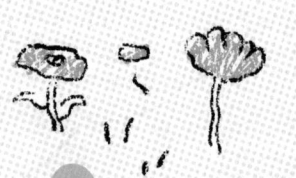

双花熏洗方

原料：槐花10克，菊花6克。

做法：上药煎汤，熏洗双眼。

功效：清热、解毒、明目，适用于流行性结膜炎。

流行性腮腺炎

- 头痛
- 腮腺肿痛
- 发热
- 进食困难
- 易传染

流行性腮腺炎俗称"痄腮",是由腮腺炎病毒引起的一种急性呼吸道传染病,多见于 4～15 岁的儿童和青少年,冬、春季多发。本病多发病急骤,伴见恶寒发热、头痛、咽痛、食欲不振,1～2 天后可见耳下或两侧腮腺肿大、边缘不清、局部疼痛、咀嚼不便。在对孩子进行腮腺炎护理时,采用推拿辅助治疗,可清热解毒、软坚散结,能快速有效地促进腮腺炎的康复。

解决烦恼,妈妈有办法

① 点压痄腮穴

将食指、中指、无名指并拢,用三指指腹点压痄腮,力度由轻至重,以酸胀感为宜。

时间:2～3 分钟。

频率:150～200 次/分。

② 按压翳风

并拢食指、中指、无名指,用三指指腹压翳风穴,力度适中,以酸胀感为宜。

时间:2～3 分钟。

频率:150～200 次/分。

解决烦恼，妈妈有办法

③ 按揉颊车

用食指、中指两指指腹按揉颊车穴，力度适中，以有酸胀感为宜。

时间：2~3分钟。

频率：150~200次/分。

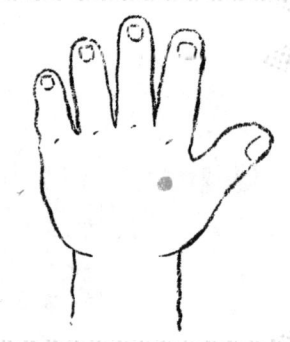

④ 按揉合谷

用拇指指腹按揉合谷穴，力度由轻至重，手法连贯，以有酸胀感为宜。

时间：2~3分钟。

频率：150~200次/分。

⑤ 清天河水

并拢食指和中指，用两指指腹自腕推至肘，快速推摩天河水，力度适中。

次数：300~500次。

频率：150~200次/分。

巧手妈妈的药食疗方

绿豆甘草茶

原料：绿豆粉50克，甘草15克，绿茶2克。

做法：前两味料加水500毫升，煮沸4分钟，加入绿茶即可，分3次温服。急需时用连皮生绿豆粉，开水冲泡，每日服1剂。

功效：清热解毒，适用于流行性腮腺炎。

糖醋马齿苋

原料：鲜马齿苋、白糖、醋各适量。

做法：马齿苋水煎，白糖调味后内服（或将马齿苋捣烂成泥，用醋调敷腮部）。

功效：清热解毒消肿，适用于流行性腮腺炎。

荸荠鲜藕饮

原料：荸荠、鲜藕各100克，茅根30克。

做法：上药水煎服，每日1剂。

功效：清热利湿、化瘀消积、凉血行瘀，适用于流行性腮腺炎。

宜忌：脾胃虚寒的孩子不宜食用茅根。

手足口病

发热　疱疹　口痛　厌食　易传染

手足口病是一种由肠道病毒引起的传染病，多见于5岁以下儿童，主要症状为手、足和口腔黏膜出现疱疹或破溃后形成溃疡。常见表现有发热，口腔黏膜、手掌或脚掌出现米粒大小的疱疹，疼痛明显，疱疹周围有炎性红晕，疱内液体较少。推拿相关穴位可平肝清肺、镇静止痛、清热解表，有效舒缓手足口病的症状。

解决烦恼，妈妈有办法

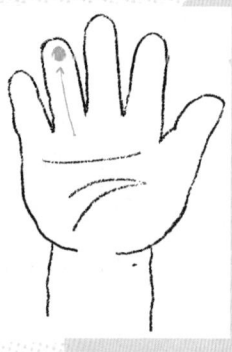

① 清肺经

用拇指指腹由无名指指根推到指尖，反复操作，力度适中，手法连贯。

次数：300～500次。

频率：150～200次/分。

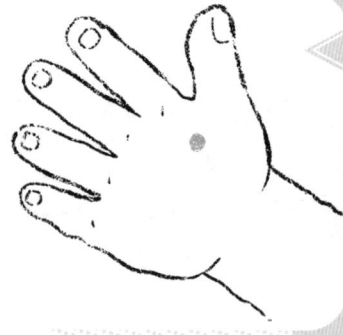

② 按揉合谷

用拇指指腹按揉合谷穴，力度由轻至重，手法连贯。

时间：2～3分钟。

频率：150～200次/分。

解决烦恼，妈妈有办法

③ 揉小天心

先用食指、中指揉按小天心，再用拇指指甲逐渐用力掐按此穴。

时间：1分钟。

频率：50～100次/分。

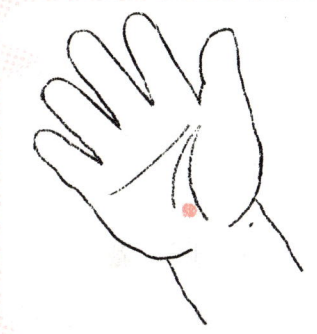

④ 清天河水

将食指和中指并拢，用指腹自腕推至肘，快速推摩天河水。

次数：300～500次。

频率：150～200次/分。

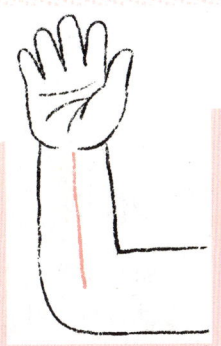

⑤ 推肝经

用拇指顺时针旋推食指螺纹面为补。由食指掌纹推向指尖为清。统称推肝经。

次数：300～500次。

频率：150～200次/分。

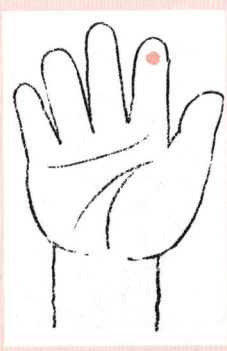

巧手妈妈的药食疗方

白萝卜粥

原料：白萝卜泥3大勺，熬软的稀粥4大勺，高汤半杯。

做法：将稀粥加入高汤捣成泥状；将白萝卜泥倒入粥内，放入微波炉，调成高火，加热1分钟左右，取出后即可。

功效：清热生津、凉血止血，适合手足口患儿食用。

薏苡仁粥

原料：薏苡仁10克，扁豆10克，绿豆10克。

做法：将上料共同煮粥食用。

功效：健脾、祛湿、清热，适合手足口患儿食用。

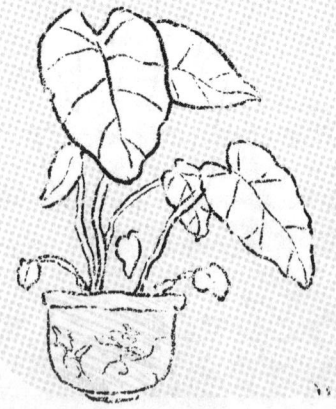

荷叶粥

原料：鲜荷叶2张，白米50克。

做法：将荷叶切碎与白米同煮粥吃。

功效：理脾活血，祛暑解热，适合手足口患儿食用。

痱子　　**湿热**　　**多汗**　　**皮肤痒**

夏季气温高、湿度大，是痱子的高发期。儿童新陈代谢旺盛，又活泼好动，容易出汗，当汗液潴留于皮内，儿童细嫩的皮肤便容易生发痱子。预防痱子发生，要保持室内通风、凉爽，在炎热的天气下特别要注意孩子的皮肤卫生，应勤洗澡、勤换衣。通过推拿相关穴位可以祛风邪、清肺热，有利于痱子消退。

解决烦恼，妈妈有办法

① 清肺经

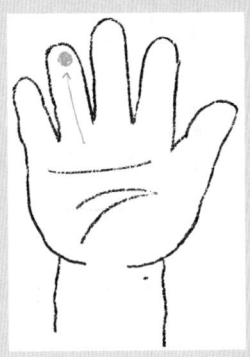

用食指指腹由无名指指根推到指尖，反复操作，力度适中，手法连贯。

次数：300～500次。

频率：150～200次/分。

② 清心经

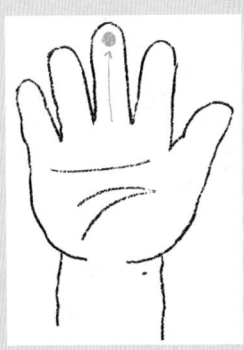

一手托住小儿的手掌，用另一手中指从中指指根推至指尖，力度适中。

次数：300～500次。

频率：150～200次/分。

解决烦恼,妈妈有办法

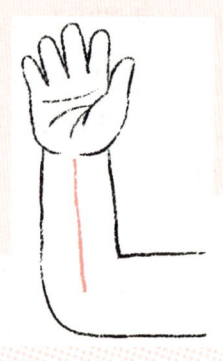

③ 清天河水

将食指和中指并拢,用指腹自腕推至肘,快速推摩天河水,手法连贯。

次数:300～500次。

频率:150～200次/分。

④ 退六腑

食指和中指并拢,用指腹自肘而下推摩六腑,力度适中,手法连贯。

次数:300～500次。

频率:150～200次/分。

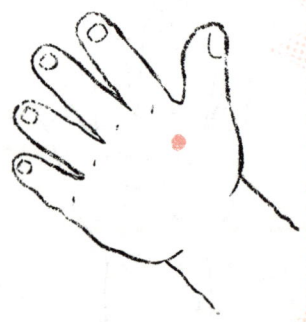

⑤ 按揉合谷

用拇指指腹按揉合谷穴,力度由轻至重,手法连贯,以酸胀感为宜。

时间:2～3分钟。

频率:150～200次/分。

巧手妈妈的药食疗方

荷叶绿豆汤

原料：干荷叶10克，绿豆50克，薄荷叶、甘草、冰糖适量。

做法：把绿豆、荷叶、甘草一起加水煮汤，煮到汤色变绿后把薄荷和冰糖加入，煮到冰糖化开就可以食用。

功效：清热祛湿、消暑解毒，适合夏天长痱子的宝宝食用。

鱼腥草方

原料：鲜鱼腥草适量。

做法：将鱼腥草用清水洗后捣成泥状。用布包好涂搽患处，3~5天即可治愈。每2天换药1次。

功效：清热解毒、消肿疗疮，适用于治疗痱子。

枇杷叶方

原料：枇杷叶适量。

做法：将枇杷叶洗净，加水煎汤，放温水中洗浴。

功效：适用于治疗痱子、痘痘等皮肤炎症。

佝偻病　多汗　夜啼　抽筋　走路不稳　发育障碍

小儿佝偻病，民间俗称"软骨病"，是一种以骨骼生长发育障碍和肌肉松弛为主的慢性营养缺乏疾病，3岁以下的小孩多见。发病原因是日晒时间不足、维生素 D 缺乏、缺钙等。孩子多表现为精神、神经方面的症状，如烦躁不安、哭闹、夜间易惊醒和多汗等。推拿相关穴位可以健脾和胃，补肾益气，增强消化功能，促进营养吸收。

解决烦恼，妈妈有办法

① 按揉中脘

用手掌紧贴中脘，与穴位之间不能移动，而皮下的组织要被揉动，幅度逐渐扩大。

时间：2～3分钟。

频率：150～200次/分。

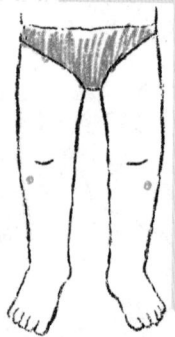

② 按揉足三里

用拇指用力按压足三里穴1下，然后以顺时针的方向揉按3下，称"一按三揉"，为1次。

时间：2～3分钟。

频率：30次/分。

解决烦恼,妈妈有办法

③ 点按三阴交

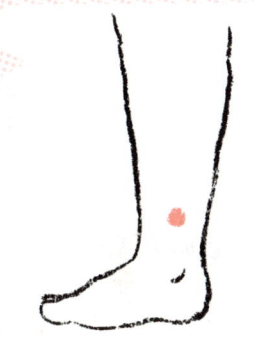

用拇指指腹点按三阴交穴,力度由轻至重,手法连贯,以有酸胀感为宜。

时间:2~3分钟。

频率:150~200次/分。

④ 补脾经

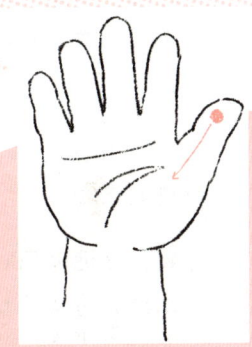

将拇指屈曲,循拇指桡侧缘由小儿的指尖向指根方向直推,力度适中。

时间:2~3分钟。

频率:150~200次/分。

⑤ 清肾经

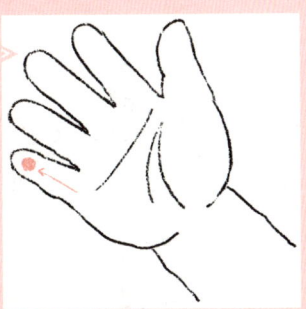

用拇指指腹稍用力自小儿小指指根推到指尖,手法连贯,以有酸胀感为宜。

次数:300~500次。

频率:150~200次/分。

巧手妈妈的药食疗方

香菇蒸猪排

原料：香菇20克，猪排骨250克，红枣5枚，枸杞10克，调味料适量。

做法：香菇切片，猪排骨切块，红枣去核，与枸杞同放于大瓷碗中，加入姜丝、精盐，上锅隔水蒸至酥烂，放调料、淋麻油调味。分1~2次趁热服用。

功效：补脾益胃，适用于小儿发育不良、佝偻病。

核桃栗子羹

原料：核桃肉500克，栗子50克，白糖适量。

做法：先将栗子炒熟去壳，将熟栗子与核桃肉一同捣烂如泥，再加白糖拌匀即成。宜常食。

功效：补肾强身壮骨。适用于佝偻病。

牡蛎面

原料：鲜牡蛎肉100克，面条适量。

做法：将牡蛎肉与面条同煮熟，加入调味料即可。

功效：强健筋骨。适用于佝偻病。

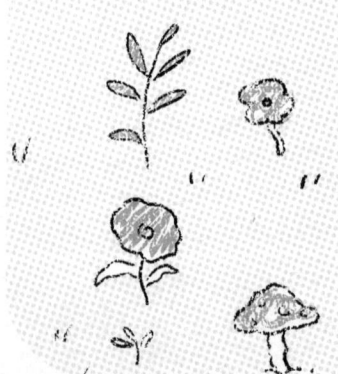

肠梗阻

- 腹痛
- 呕吐
- 腹胀
- 无排便

小儿肠梗阻是指由肠管内或肠管外的病变引起肠内容物通过障碍的病症。肠梗阻分两大类，一类叫机械性肠梗阻，另一类叫功能性肠梗阻。临床表现有腹痛、腹胀、呕吐、无大便、肛门无排气等症状。肠梗阻初期，孩子疼痛难忍时，应让孩子禁食禁水，及时前往医院进行补液及对症治疗，待病情稳定的恢复期，再采用推拿疗法，刺激对应穴位，可镇静止痛、通经活络，促进肠胃蠕动，加快肠梗阻的恢复。

解决烦恼，妈妈有办法

① 按揉合谷

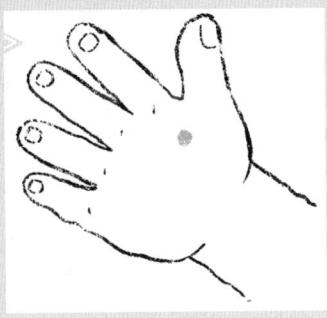

用拇指指腹按揉合谷穴，力度由轻至重，手法连贯，以有酸胀感为宜。

时间：2～3分钟。

频率：150～200次/分。

② 按揉中脘

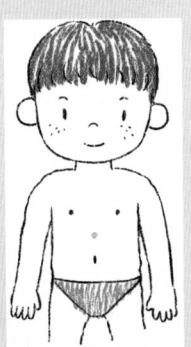

用食指、中指、无名指三指指腹按揉中脘穴，力度适中，幅度逐渐扩大。

时间：2～3分钟。

频率：150～200次/分。

巧手妈妈的药食疗方

熟花生油

原料：纯正花生油适量。

做法：将花生油放入锅中，待油热后去火，使锅中花生油自然冷却。待油温适宜后，口服。年龄在15岁以下的患者，每次服50毫升，服后症状不见好转者，6小时后可再服1次。年龄在16岁以上者，每次服80毫升，服1～4次即可见效。

功效：熟花生油有滑肠、通便、下积、驱虫的作用，适用于蛔虫性肠梗阻。

丁香敷剂

原料：丁香30～60克。

做法：研末，用75%酒精调糊敷脐及脐周，直径6～8厘米，覆盖纱布及塑料薄膜，周围胶布固定。

功效：温中降逆，温肾助阳。适用于麻痹性肠梗阻，症见呕吐、腹胀。机械性肠梗阻禁用。

胡萝卜杨梅蜂蜜汁

原料：胡萝卜250g，杨梅15g，蜂蜜适量。

做法：将胡萝卜和杨梅洗干净榨汁，放入碗中调和，加入蜂蜜后即可。

功效：理气止痛。适用于慢性肠梗阻患者。

04

妈妈健康，
才是孩子最大的福音

"十月怀胎，一朝分娩"，每个妈妈都是在用自己的生命去创造另一个生命，孕育新生命的过程，是女性由内而外、从身体到灵魂的蜕变之旅。

从怀孕到生育的全过程，便是一场过五关斩六将的"硬仗"：从难以忍受的孕吐，到孕中晚期可能出现的各种并发症，到生产时的"十级"疼痛，再到夜不能寐的艰辛哺乳期……从无知无畏的少女，到不知所措的新手妈妈；从手忙脚乱，到逐渐适应角色进入状态。感受到孩子成长的点点滴滴，才明白：养育之路长漫漫，辛酸苦辣自己尝。

孩子出生后，妈妈专注于孩子的健康和生长发育，长期处于精神高度紧张的状态，又由于长时间照顾孩子，而导致睡眠不足、过度劳累，必将引起记忆力下降，出现反应迟钝的情况。这便是人们常说的"一孕傻三年"。

产后还会出现激素变化。产后雌激素和孕激素不断下降，会导致体内的代谢速度变得缓慢，而使皮肤变差，面部色素沉着，长色斑或色斑增多。还有一部分妈妈，会出现身体水肿、发胖，身材走样，导致心情低落、情绪敏感。产后疾病也不容小觑。妈妈产后容易出现腰腿疼痛、尿潴留、尿失禁、子宫脱垂等疾病，若这时再与家人产生矛盾而情绪无从排解，得不到疏导和调理，就极易导致产后抑郁症的发生。

爱孩子，是母爱使然，是妈妈的天性。但要想照顾好孩子，妈妈们首先要先照顾好自己，让自己变健康，变美，变开心，这才是最好的言传身教。

中医推拿，呵护健康好身体

中医认为"血气不和，百病乃变化而生"，气血运行于经脉中，滋润着五脏六腑、四肢百骸，是构成和维持人体生命活动的基本物质，也是人体健康长寿的物质基础。

都说女人"以血为本，血随气行"，唯有气血调畅、经脉通盛、冲任正常，才经孕无疾。若气血不足，冲任不调，则容易导致妇科疾病的发生。女性分娩时经历产创、出血以及临产用力等，非常损耗气血，以致产后"百节空虚"，如果月子期间护理不当，又经常劳累过度，以及受某些负面的精神因素和不良的生活习惯影响，就极容易出现健康问题，一些产后病也容易趁虚而入。

经常进行穴位推拿，可以疏通经络，有加速气血运行、缓解疲劳、解决气滞血瘀的功效，再通过改善饮食和适当运动的调理，可使妈妈在产后很快地摆脱亚健康状态，拥有近期及远期良好身体状态的基础，远离产后病。

产后腹痛

温和肾阳 **补益肾气** **理血调经** **化瘀止痛**

产后腹痛是指女性分娩后下腹部疼痛，属于分娩后的一种正常生理现象，是分娩过程中的宫缩等所导致的，一般持续时间为2~3天。

如果腹痛持久，并且日益加重，疼痛难忍，且伴有恶露增多，有血块和异味，则是病理现象，预示着盆腔内有炎症，应及时就诊，配合医生进行诊疗。推拿相应穴位，可减轻腹痛症状，对生理性产后腹痛尤为有效。

中医推拿，呵护妈妈健康

① 推揉命门

定位：位于腰部，当后正中线上，第二腰椎棘突下凹陷中。
方法：将食指、中指、无名指紧并，来回推揉命门穴。
次数：50次。

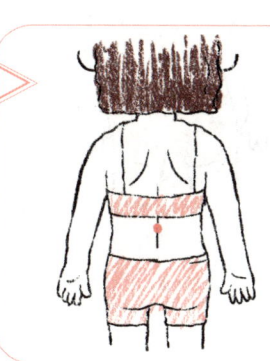

② 揉按肾俞

定位：位于腰部，当第二腰椎棘突下，旁开1.5寸。
方法：用中指和食指点压在肾俞穴上，沿顺时针的方向匀速揉按。
次数：50次。

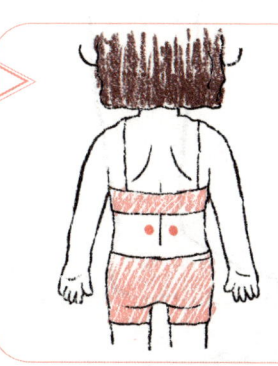

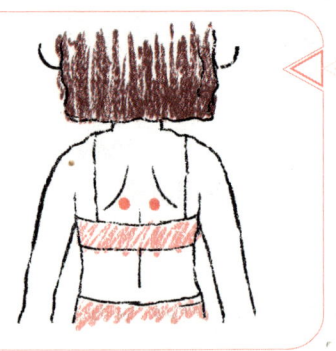

③ 揉按膈俞

定位：位于背部，当第七胸椎棘突下，旁开1.5寸。

方法：食指、中指紧并，沿顺时针方向揉按膈俞穴。

次数：50次。

④ 摩关元

定位：位于下腹部，前正中线上，当脐中下3寸。

方法：将掌心搓热，迅速覆盖在关元穴上来回摩擦，以皮肤潮红为度。

次数：30次。

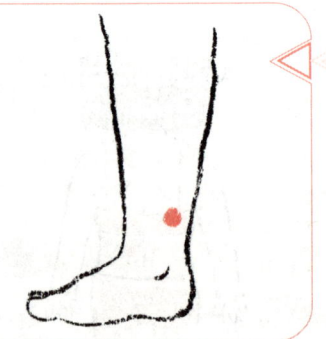

⑤ 揉按三阴交

定位：位于小腿内侧，当足内踝尖上3寸，胫骨内侧缘后方。

方法：将两手拇指指腹放在两侧三阴交穴上，用力揉按。

次数：30次。

产后缺乳

行气活血　开郁通乳　健脾和胃　补益气血

产后缺乳,又称"乳汁不足",是指产后乳汁分泌量少或者全无,满足不了宝宝的需要。其多发生在产后2天至15天内。

乳汁的分泌与产妇的情绪、营养以及休息情况都有关联。中医认为产后缺乳一般是由于体虚弱或产期失血过多、气血亏虚、肝郁气滞、乳络不通等原因所致。

中医推拿,呵护妈妈健康

① 揉按乳根

定位:位于胸部,当乳头直下,乳房根部,第五肋间隙,距前正中线4寸。

方法:将食指、中指点在乳根穴上,沿顺时针方向揉按。

次数:30次。

② 揉按膻中

定位:位于胸部,当前正中线上,平第四肋间,两乳头连线的中点。

方法:用拇指指腹点按在膻中穴上,分别沿顺时针方向、逆时针方向揉按。

次数:50次。

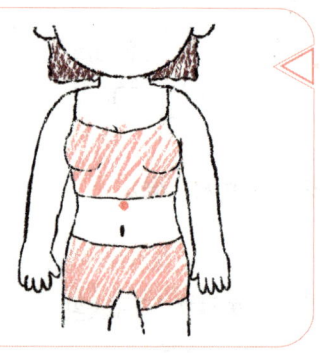

③ 揉按中脘

定位：位于上腹部，前正中线上，当脐中上4寸。

方法：用食指、中指按在中脘穴上，分别沿顺时针方向、逆时针方向揉按。

次数：50次。

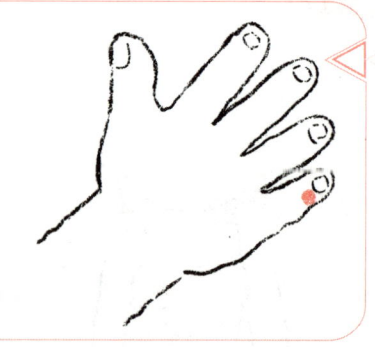

④ 挟提少泽

定位：位于手小指末节尺侧，距指甲角0.1寸（指寸）。

方法：用拇指与食指、中指相对，挟提少泽穴，交替捻动。

次数：30次。

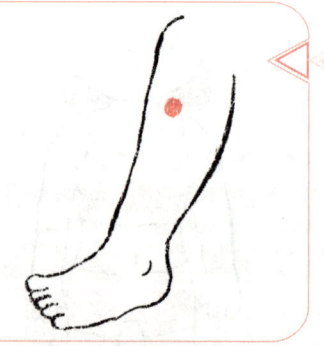

⑤ 揉按足三里

定位：位于小腿前外侧，当犊鼻下3寸，距胫骨前缘一横指。

方法：以拇指指端点按在足三里穴位上，沿顺时针的方向揉按。

次数：50次。

子宫脱垂

清热利湿　益肾固脱　兼固胞脉　提托子宫

子宫脱垂又名"子宫脱出",是指子宫从正常位置沿阴道向下移位。常表现为腹部下坠、腰酸,严重者会出现排尿困难、尿频、尿失禁等症状。子宫脱垂常见于多产、营养不良和长时间体力劳动的产妇,发病率为1%~4%,其病因为支托子宫及盆腔脏器的组织受到损伤或失去支托力,以及骤然或长期增加腹压所致。

中医推拿,呵护妈妈健康

① 捏中极

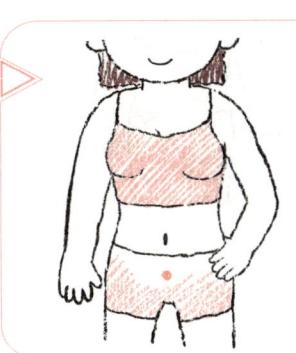

定位:位于下腹部,前正中线上,当脐中下4寸。
方法:用拇指与食指、中指相对呈钳形用力,捏住中极穴处肌肉,揉捏10遍。
次数:10次。

② 按压提托

定位:位于下腹部,当脐中下3寸,旁开4寸。
方法:以拇指在提托穴上用力向下按压。
次数:100次。

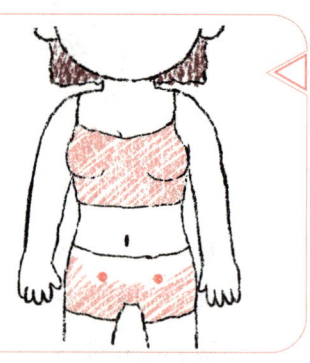

③ 按压子宫

定位：位于下腹部，当脐中下4寸，中极旁开3寸。

方法：用拇指指腹在子宫穴上用力向下按压，力量要由轻至重。

次数：100次。

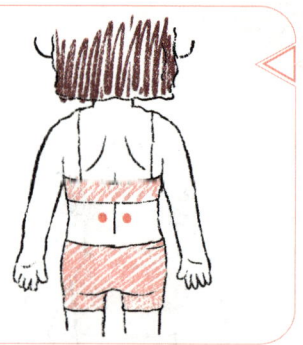

④ 揉按肾俞

定位：位于腰部，当第二腰椎棘突下，旁开1.5寸。

方法：用拇指或食指点按在肾俞穴上，沿顺时针的方向揉按。

次数：30次。

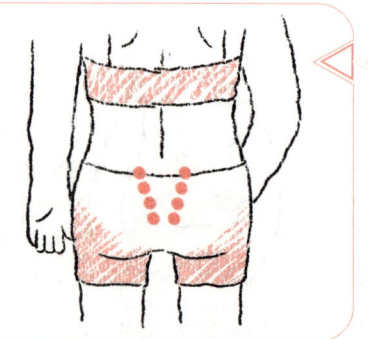

⑤ 摩八髎

定位：位于骶椎，分别在第一、第二、第三、第四骶后孔中。

方法：用手掌在骶部八髎穴来回摩擦，以透热为度。

次数：50次。

产后尿潴留

温补下元　行气利尿　补肾培元　温阳利尿

产后尿潴留又称为"产后小便不通",是指产后妈妈在分娩6～8小时后甚至在月子中不能正常排尿,且膀胱胀满,小腹胀急疼痛者。产后尿潴留往往是由于第二产程延长所引起的,因此建议第二产程要用力,尽快娩出胎儿,避免出现产后尿潴留。

中医认为,产后尿潴留多因产时用力过度,耗伤气血,膀胱气化失司所致,采用推拿刺激相应穴位,可通阳利尿,改善产后尿潴留症状。

中医推拿,呵护妈妈健康

① 揉气海

定位:位于下腹部,前正中线上,当脐中下1.5寸。

方法:将食指、中指、无名指并拢置于下腹部,自上而下画圈推拿气海穴。

次数:150次。

② 按揉关元

定位:位于下腹部,前正中线上,当脐中下3寸。

方法:将食指、中指并拢置于下腹部,自上而下画圈推拿关元穴。

次数:150次。

月经不调

调经活血　理气止痛　培补元气　健脾益肾

月经不调,也称"月经失调",是指月经的周期、经色、经量、经质发生了改变,是妇科常见疾病。

产后月经不调,可能是由于照顾宝宝,休息不好,压力大而导致的内分泌紊乱,或因生产过程中出血量过多而引起气血不足所致。若产后还处于哺乳期,一般可采用中医推拿,活血化瘀、理气止痛,有效缓解产后月经不调的症状。

中医推拿,呵护妈妈健康

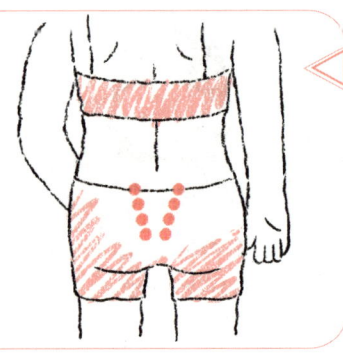

① 按揉八髎

定位:位于骶椎,左右共8个穴位,分别在第一、第二、第三、第四骶后孔中。

方法:双掌相叠揉按八髎穴,操作时按压的力量要由轻而重。

次数:150次。

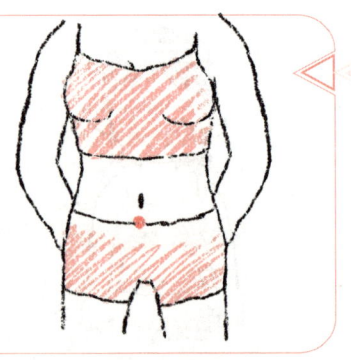

② 摩气海

定位:位于下腹部,前正中线上,当脐中下1.5寸。

方法:以气海穴为圆心,单掌沿顺时针方向环形摩腹。

次数:150次。

③ 揉捏阴包

定位：位于大腿内侧，当股骨内上髁上4寸，股内肌与缝匠肌之间。

方法：将拇指与食指、中指相对呈钳形捏住阴包穴，一收一放揉捏。

次数：150次。

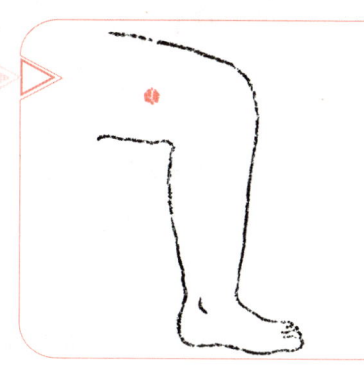

④ 揉捏血海

定位：位于大腿内侧，髌底内侧端上2寸。

方法：将拇指与食指、中指相对呈钳形捏住血海穴，一收一放揉捏。

次数：150次。

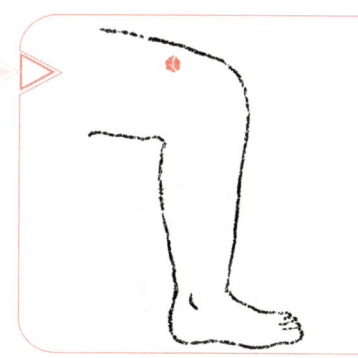

⑤ 揉按阴陵泉

定位：位于小腿内侧，当胫骨内侧髁后下方凹陷处。

方法：用拇指指腹揉按阴陵泉穴，以皮肤潮红、发热为度。

次数：100次。

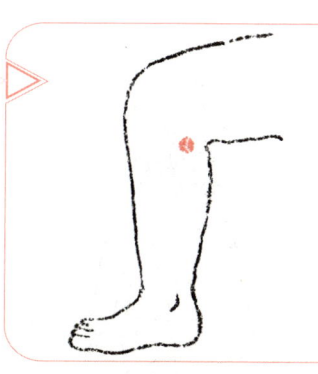

痛经

调理冲任 **温经止痛** **调补肝肾** **行气活血**

痛经是指女性在月经前后或经期，出现下腹部或腰骶部剧烈疼痛，严重时伴有恶心、呕吐、腹泻，甚至昏厥。痛经分为原发性和继发性两类。原发性痛经指生殖器官无器质性病变的痛经；生育之后才出现痛经，则是继发性痛经。

产后继发性痛经往往是由于体内脏器病变所致，比较常见的病因有子宫内膜异位症、子宫腺肌症、慢性盆腔炎、盆腔淤血综合征等。

中医推拿，呵护妈妈健康

① 揉关元

定位：位于下腹部，前正中线上，当脐中下3寸。
方法：将手掌紧贴在关元穴上，沿顺时针方向揉动。
次数：50次。

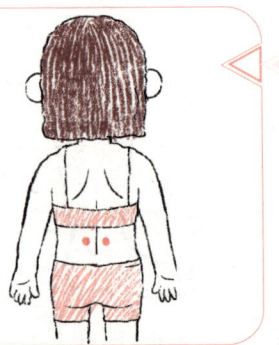

② 按压肾俞

定位：位于腰部，当第二腰椎棘突下，旁开1.5寸。
方法：两手掌相叠在肾俞穴上用力向下按压，按压的力量由轻至重。
次数：50次。

③ 摩八髎

定位：位于骶椎，共8个，分别在第一、第二、第三、第四骶后孔中。

方法：用手掌在骶部八髎穴来回摩擦，以透热为度。

次数：50次。

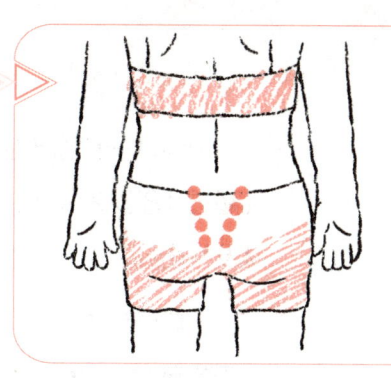

④ 揉按气海

定位：位于下腹部，前正中线上，当脐中下1.5寸。

方法：用手掌掌根揉按气海穴，力度由轻到重。

次数：100次。

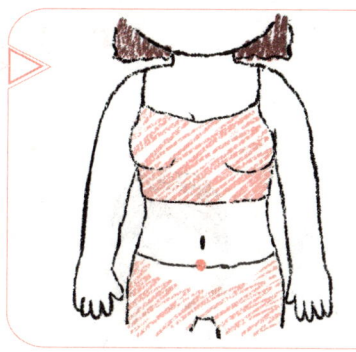

⑤ 揉按三阴交

定位：位于小腿内侧，当足内踝尖上3寸，胫骨内侧缘后方。

方法：将拇指指腹放在三阴交穴上，适当用力揉按，双下肢交替进行。

次数：30次。

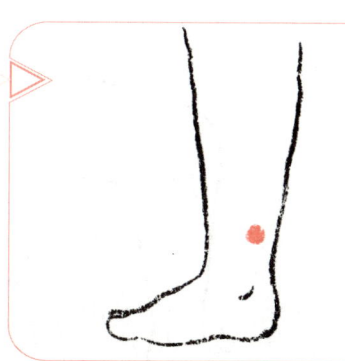

闭经

培元固本　调理冲任　祛湿行滞　化生气血

闭经是一种临床症状，而非某一种疾病。正常女性一般14岁前后月经来潮，凡超过18岁未来潮，称原发性闭经。月经周期建立后，又停经6个月以上，称继发性闭经。

产后闭经主要是由于体内激素的急剧变化和内分泌失调所致，由于生产过后体内的雌激素急剧下降，影响卵巢的正常排卵，因此出现闭经。中医认为气血不足、肾虚也可导致产后闭经。

中医推拿，呵护妈妈健康

① 按压关元

定位：位于下腹部，前正中线上，当脐中下3寸。

方法：用四指指腹在关元穴上用力向下按压，一按一松为1次。

次数：60次。

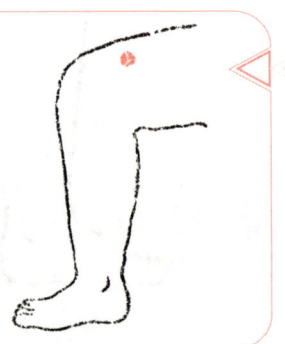

② 按揉血海

定位：屈膝，位于大腿内侧，髌底内侧端上2寸，当股四头肌内侧头的隆起处。

方法：用拇指指腹按揉血海穴，以皮肤潮红、发热为度。

次数：150次。

③ 按压三阴交

定位：位于小腿内侧，当足内踝尖上3寸，胫骨内侧缘后方。

方法：用拇指指腹按压三阴交穴，以潮红发热为度。

次数：150次。

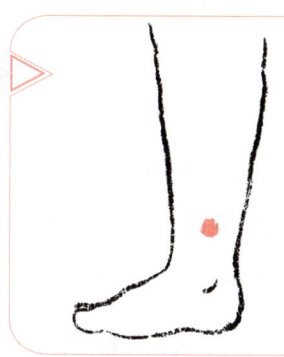

④ 叩击肾俞

定位：位于腰部，当第二腰椎棘突下，旁开1.5寸。

方法：双手握拳，对准腰部的肾俞穴进行叩击。

次数：20次。

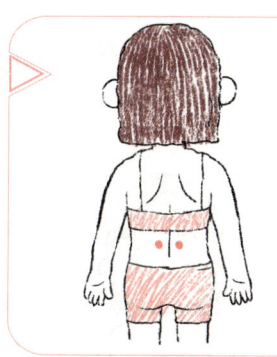

⑤ 点按命门

定位：位于腰部，当后正中线上，第二腰椎棘突下凹陷中。

方法：用拇指指腹点按命门穴，以皮肤潮红、发热为度。

次数：20次。

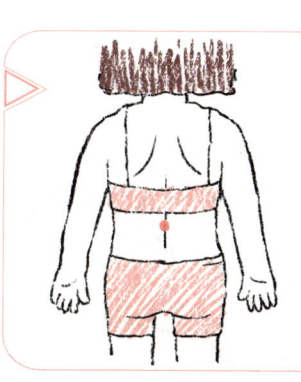

崩漏

调理冲任　平肝理血　清热和营　健腰益肾

崩漏是指妇女非周期性子宫出血。发病急骤，暴下如注，大量出血者为"崩"；病势缓，出血量少，淋漓不绝者为"漏"。崩与漏虽出血情况不同，但在发病过程中两者常互相转化。

产后崩漏是指产妇非正常行经而阴道下血如崩或淋漓不尽的症状，多由血热、湿热、气虚、血瘀、外伤等原因所致。

中医推拿，呵护妈妈健康

① 揉按关元

定位：位于下腹部，前正中线上，当脐中下3寸。

方法：用大鱼际按压在关元穴上，沿顺时针方向揉按。

次数：100次。

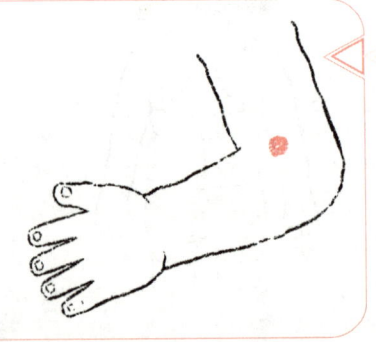

② 按揉曲池

定位：位于肘横纹外侧端，屈肘，当尺泽与肱骨外上髁连线中点。

方法：用拇指指腹按压在曲池穴上按揉，其余四指附于肘部。

次数：100次。

③ 按压三阴交

定位：位于小腿内侧，当足内踝尖上3寸，胫骨内侧缘后方。

方法：用拇指指腹按压三阴交穴，以皮肤潮红、发热为度。

次数：150次。

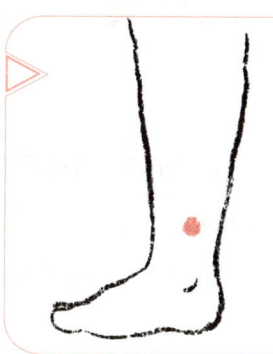

④ 推按太冲

定位：位于足背侧，当第一跖骨间隙的后方凹陷处。

方法：用食指指腹推按太冲穴，先由轻到重，再由重到轻。

次数：50次。

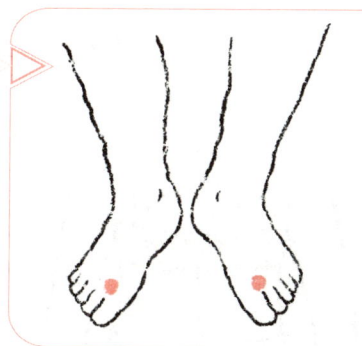

⑤ 点按命门

定位：位于腰部，当后正中线上，第二腰椎棘突下凹陷处。

方法：用拇指指腹点按命门穴，以皮肤潮红、发热为度。

次数：100次。

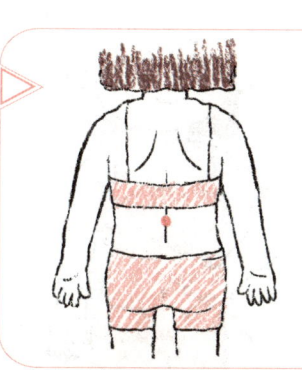

带下病

利湿止带 **调理胃肠** **益肾调经** **清利下焦湿热**

"带下"在中医学中有广义和狭义之分，广义泛指妇科疾病，狭义则专指白带的量、色、质、气味发生异常的疾病。西医认为，此病常与生殖系统局部炎症、肿瘤或身体虚弱等因素有关。

产后带下病多见于产褥期的感染，产褥期感染的致病微生物多见于需氧菌、厌氧菌、支原体、衣原体等。中医学认为本病病因多为湿热下注或气血亏虚致带脉失约、冲任失调。

中医推拿，呵护妈妈健康

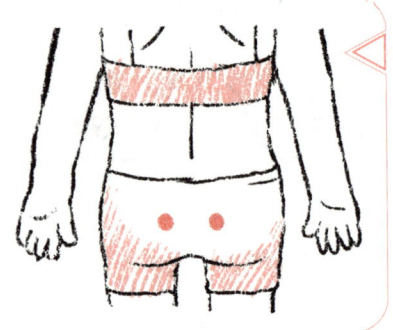

① 推白环俞

定位：位于骶部，当骶正中嵴旁 1.5 寸，平第四骶后孔。

方法：用手掌自上而下推拿白环俞穴。

次数：30 次。

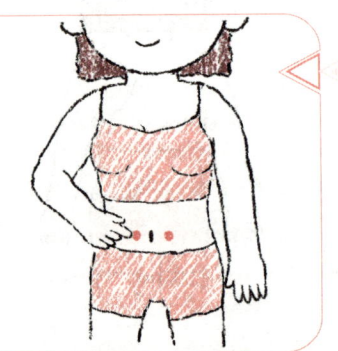

② 揉按天枢

定位：位于腹中部，距脐中 2 寸。

方法：用拇指揉按天枢穴，以皮肤潮红、发热为度。

推拿次数：30 次。

③ 按揉阴陵泉

定位：位于小腿内侧，当胫骨内侧髁后下方凹陷处。
方法：用拇指指腹按揉阴陵泉穴，以有酸胀感为度。
次数：30次。

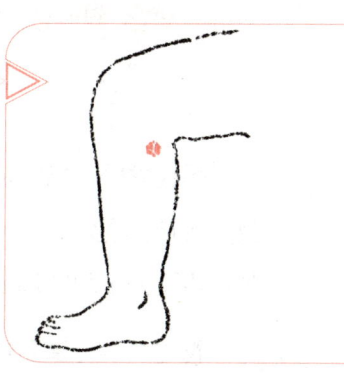

④ 摩八髎

定位：位于骶椎，分别在第一、第二、第三、第四骶后孔中。
方法：用手掌在骶部八髎穴来回摩擦，以透热为度。
次数：50次。

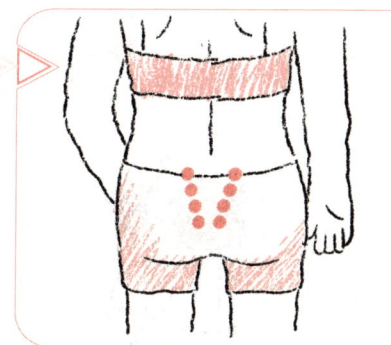

⑤ 按揉肾俞

定位：位于腰部，当第二腰椎棘突下，旁开1.5寸。
方法：用双手拇指指腹按揉肾俞穴，力度适中。
次数：50次。

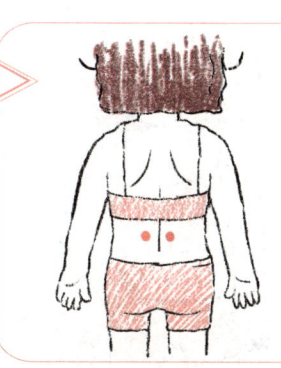

慢性盆腔炎

健脾化湿　调理冲任　理气活血　通经活络　兼调肝肾

慢性盆腔炎指的是女性内生殖器官、周围结缔组织及盆腔腹膜发生慢性炎症，反复发作，经久不愈，常因急性炎症治疗不彻底或因患者体质差、病情复发所致。临床表现为下腹坠痛或腰骶部酸痛、拒按，伴有低热、白带多、不孕等。

慢性盆腔炎是女性在产后较为常见的疾病之一，由于产后体质较虚弱，宫颈口扩张后尚未很好地关闭，此时阴道、宫颈中存在的细菌可能上行感染盆腔，导致盆腔炎的发生。

中医推拿，呵护妈妈健康

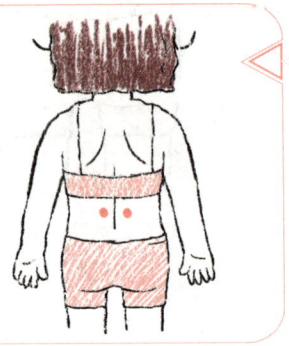

① 按揉肾俞

定位：位于腰部，当第二腰椎棘突下，旁开1.5寸。

方法：将拇指指腹按在肾俞穴上按揉，其余四指附在腰部。

次数：30次。

② 揉按中脘

定位：位于上腹部，前正中线上，当脐中上4寸。

方法：半握拳，拇指伸直，将拇指放在中脘穴上，适当用力揉按。

次数：30次。

③ 揉关元

定位：位于下腹部，前正中线上，当脐中下3寸。

方法：双手相叠，用掌心轻揉关元穴，以腹部有温热感为度。

次数：50次。

④ 揉按外关

定位：位于前臂背侧，当阳池与肘尖的连线上，腕背横纹上2寸。

方法：将拇指指腹按在外关穴上揉按。

次数：30次。

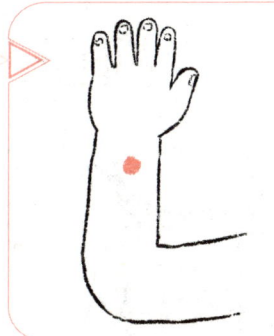

⑤ 揉按三阴交

定位：位于小腿内侧，当足内踝尖上3寸，胫骨内侧缘后方。

方法：将拇指指腹放在三阴交穴上，用力揉按，两侧穴位交替进行。

次数：30次。

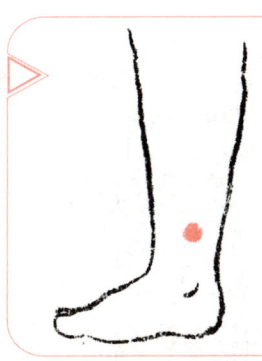

阴道炎

清利下焦湿热　健脾化湿　补益培元　调节阴阳

阴道炎是女性最常见的疾病，指阴道黏膜及黏膜下结缔组织的炎症，各个年龄段都可以罹患。临床上以白带的性状发生改变以及外阴瘙痒、灼痛为主要临床特点，性交痛也常见，感染累及尿道时，可伴有尿痛、尿急等症状。

产后阴道炎比较多见的是真菌性阴道炎。产后阴道炎一般和产后出血、免疫力下降、真菌感染、阴道干涩等原因相关。一旦出现了阴道炎症状，须在医生的指导下，合理使用抗生素治疗，与此同时进行中医推拿疗法，可达到最佳的治疗效果。

中医推拿，呵护妈妈健康

① 按揉中极

定位：位于下腹部，前正中线上，当脐中下4寸。
方法：用拇指指腹沿顺时针方向按揉中极穴。
次数：50次。

② 按揉冲门

定位：位于腹股沟外侧，距耻骨联合上缘中点3.5寸，当髂外动脉搏动处的外侧。
方法：用拇指指腹沿顺时针方向按揉冲门穴，以有酸胀感为度。
次数：50次。

③ 按揉三阴交

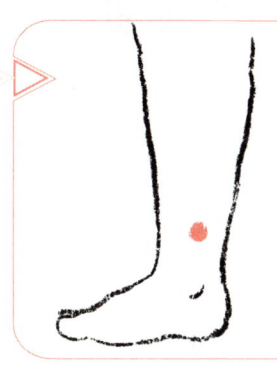

定位：位于小腿内侧，当足内踝尖上 3 寸，胫骨内侧缘后方。

方法：用拇指指腹按揉三阴交穴，以有酸胀感为度。

次数：30 次。

④ 掐按太溪

定位：位于足内侧，内踝后方，当内踝尖与跟腱之间的凹陷处。

方法：用拇指指尖掐按太溪穴，以有酸胀感为佳。

次数：30 次。

⑤ 摩下髎

定位：位于骶部，当中髎下内方，适对第四骶后孔处。

方法：用双手手掌交叠在骶部下髎穴来回摩擦，以透热为度。

次数：50 次。

子宫内膜炎

健腰益肾　利湿止带　调理冲任　培元固本　降浊升清

子宫内膜炎是指由各种原因引起的子宫内膜结构发生的炎性改变。按照病程的长短，子宫内膜炎可分为急性子宫内膜炎和慢性子宫内膜炎。

产后子宫内膜炎是指子宫蜕膜（即妊娠期子宫内膜）的感染，是导致产后发热和子宫压痛的主要原因。中医将子宫内膜炎分为湿热蕴结型、瘀热互结型和热毒壅盛型3种类型，采取中医穴位按摩的方式辅助治疗，效果明显。

中医推拿，呵护妈妈健康

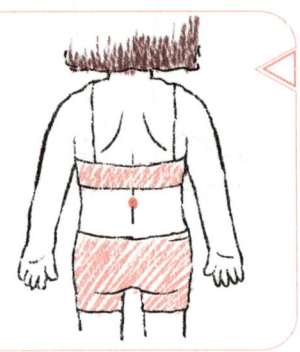

① 推揉命门

定位：位于腰部，当后正中线上，第二腰椎棘突下凹陷中。

方法：将食指、中指、无名指紧并，来回推揉命门穴。

次数：50次。

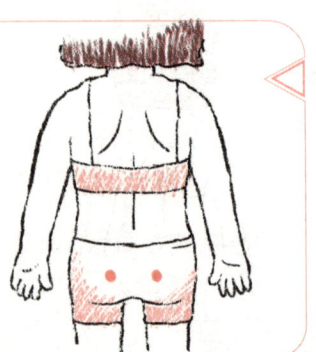

② 推白环俞

定位：位于骶部，当骶正中嵴旁1.5寸，平第四骶后孔。

方法：用手掌自上而下推拿白环俞穴。

次数：30次。

③ 摩气海

定位：位于下腹部，前正中线上，当脐中下1.5寸。

方法：将双手掌心搓热，迅速覆盖在气海穴，来回摩擦。

次数：50次。

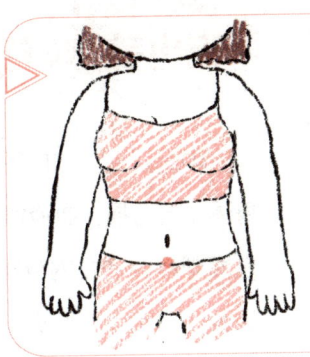

④ 摩关元

定位：位于下腹部，前正中线上，当脐中下3寸。

方法：将双手掌心搓热，迅速覆盖在关元穴，来回摩擦。

次数：50次。

⑤ 揉按三阴交

定位：位于小腿内侧，当足内踝尖上3寸，胫骨内侧缘后方。

方法：将拇指指尖放于三阴交穴上，微用力揉按。

次数：150次。

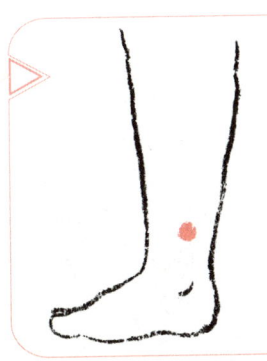

食疗食补，吃出美妙好身材

中医认为，产后肥胖主要是由脾虚痰阻、肝肾阴虚、肺热湿盛所致，妈妈产后身体血气亏损，血液循环不畅，导致体内"毒素"无法排出，时日一长便形成肥胖。过度肥胖会诱发内分泌及代谢性疾病，引起心肺功能不良反应，还有可能导致关节病变，造成行动不便。

健康瘦身，妈妈们应把饮食调理放在第一位。一日三餐注意饮食搭配的多样性，既要保证自己和小宝宝的营养足够充分，又要避免营养过剩，限制脂肪和糖的摄入。此时一些营养丰富又低热量的食材，以及可化痰祛脂、健脾利湿的中医药膳料理，是妈妈们产后减肥的绝佳选择。

"吃掉"肥肉，优选健康食材

产后新妈妈要想健康瘦身，肉类可以鱼肉、鸡胸肉、瘦牛肉为主，以下这些营养丰富又低热量的食材，也是减肥的绝佳选择。

西蓝花

西蓝花具有润肠通便、降血压，增强肝脏解毒能力等功效。西蓝花营养成分丰富，富含维生素 A、维生素 C 和相当数量的维生素 B_1、维生素 B_2 以及磷、铁、钙等无机质，且热量比较低，含有一定的膳食纤维，可以缓解产后便秘症状，常吃西蓝花还有助于美容养颜，延缓衰老。

黄瓜

黄瓜不仅具有利水利尿、清热解毒的功效，还是热量超低的减肥食品。每 100 克黄瓜仅含有 63 千焦的热量，而它所含的大量维生素和膳食纤维，有助于抑制食物中的碳水化合物在体内转化为脂肪，是产后妈妈可选的良好减肥食物。

芹菜

芹菜具有清热解毒、利尿消肿、平肝降压的功效，富含蛋白质、碳水化合物、胡萝卜素、B 族维生素、钙、磷、铁、钠等，常吃芹菜，尤其是芹菜叶，可降血压、血脂，清内热，还能预防高血压，对改善动脉硬化也十分有益。芹菜含铁量高，能帮助产后妈妈补血养颜，常食可目光有神，头发黑亮。

西红柿

西红柿具有止血、降压、利尿、健胃消食、清热解毒等功效，是既美味、营养又低热量的减肥食品，每 100 克西红柿仅含有 79 千焦热量，却含有丰富的胡萝卜素、维生素 C 和 B 族维生素，可帮助新妈妈减肥瘦身、消除疲劳、增进食欲。

海带

海带具有化痰、散结、抗癌、利尿消肿、御寒的作用。新鲜的海带含水量高达95%，富含碳水化合物，却只含有较少的蛋白质和脂肪。海带具有不错的御寒作用，冬天怕冷的妈妈可以经常食用，有效地提高自身的御寒能力，还能防治肥胖，预防高血脂。

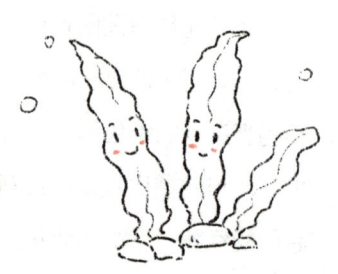

虾

虾肉具有补肾壮阳、通乳抗毒、化瘀解毒、通络止痛、开胃化痰等功效。虾皮的营养价值很高，是优质的蛋白质来源，且富含多种矿物质。虾脂肪含量极低，每100克虾仅含有331千焦热量，适宜减肥期间食用。

香菇

香菇具有养血补气、健脾开胃、抗肿瘤、延缓衰老等功效。产妇适当食用香菇，可以强身健体，增强抗病能力，预防产后贫血和骨质疏松。常食香菇，还可以抑制胆固醇的增加，助力瘦身减脂。其他菌类食品，如金针菇、草菇、平菇等，都是产后减肥者可多吃的食品。

牛奶

牛奶含有丰富的蛋白质、维生素D等，包括人体生长发育所需的全部氨基酸，消化率可高达98%。多喝牛奶可增强身体抵抗力，改善产后睡眠质量。若母乳喂养，还可以增加母乳量，提高母乳的质量。牛奶富含钙元素，能帮助人体分解脂肪，有助于健康瘦身。但产妇喝牛奶以温热为宜，减肥时也最好选择低脂或脱脂牛奶。

降脂食谱,营养又瘦身

产后肥胖与饮食有很大的关系,养成科学的饮食习惯对新妈妈的身体健康与身材恢复都十分有益。其实很多美味的食物都有助于产后减肥,前提是你怎么去搭配它们。下面这几例适合产后减肥的食谱,食材简单,操作方便,常吃能帮助新妈妈健康瘦身。

菱角薏米花胶粥

原料:菱角500克,生薏苡仁100克,花胶(鱼肚)150克,陈皮半个,黏米适量,盐少许。

做法:将各材料分别用清水洗净备用;菱角去壳取肉,花胶先用清水浸透发开并切块;瓦煲内加适量清水,猛火煲至水滚后放入材料,等候水再滚起改用中火继续煲至黏米开花成稀粥,调味即可食用。

功效:健脾去湿,解毒散结,滋养肝肾,具有减肥功效。

什锦烩鲜蔬

原料:香菇、金针菇、口蘑、胡萝卜各50克,西芹100克,蚝油1汤匙,淀粉少许,葱段1根,盐适量。

做法:西芹、胡萝卜洗净切丝,香菇、金针菇、口蘑洗净;将洗净的原料焯水捞出后放冷水中浸泡备用;油烧热,放葱段炝锅,倒入蚝油和原料用中火细炒,如干锅可放少许水,再放入淀粉勾芡炒匀即可。

功效:促消化,排除毒素,增加人体免疫力,有利于产后减肥。

章鱼绿豆煲酿莲藕

原料：章鱼干50克，去皮绿豆约150克，莲藕750克，猪骨2小块，盐油适量。

做法：猪骨焯水备用；绿豆去皮，浸泡于水中；章鱼干浸60~90分钟，去衣；把洗净去皮的莲藕一端切开，将去皮绿豆塞进莲藕孔中，再将另一端拼回原位，用牙签固定；将以上原料放入锅中，煲煮60~80分钟，再下盐、味精调味即可。

功效：润肺止咳、开胃消食，清除肠道污物，刺激肠壁蠕动，具有减肥功效。

藕片海带排骨汤

原料：藕200克，海带丝10克，小排骨100克，葱、盐各少许。

做法：将排骨焯水，放入洗净的海带丝，添水后用大火煮开，再转小火炖熟，最后放入藕片稍煮片刻，加盐调味即可。

功效：海带富含胶质和岩藻多糖，可以刺激肠道蠕动，促进排便，以及排出体内油脂和毒素。

产后瘦身 Tips

小心产后病理性肥胖

产后瘦身并不容易，可以说是一件十分艰辛的工作。有些妈妈产后并不是单纯的营养过剩而长胖，还可能出现因甲状腺功能减退、库欣综合征、胰源性、药源性、垂体性、皮下肥胖、内脏脂肪等原因导致的病理性肥胖。

生理性肥胖与病理性肥胖这两者之间可以相互转化。生理性肥胖一旦加重，会使身体产生病理性的改变，导致病理性肥胖；经过治疗，病理性肥胖也可转为生理性肥胖，恢复正常的体质状态。

妈妈们在照顾宝宝的闲暇，也应关注自己的身体状况，在产后做好身体检查，若确诊为病理性肥胖要积极对症治疗，以免症状加重，影响身体健康。

瘦身可成为一种生活习惯

减肥不容易，长期保持好身材更难。很多妈妈在产后经历了漫长而艰辛的减肥过程，好不容易将体重降低到了理想数值，但一时的松懈与放松，很快就迎来了反弹，不仅回到了减肥初期，甚至比之前还要胖。

你知道吗？生活中有很多值得坚持的小习惯，可以成为产后瘦身的好帮手，持之以恒，不仅不会胖，还有利于身体健康。

定时测量记录体重

很多哺乳期的妈妈为了给宝宝补充营养，会不停地摄取食物，这时候一定要定期、定时测量并记录体重。如果发现体重增长过快，那么就要控制饮食，在选择低热量、高营养料理的同时，进行合理运动。

少吃多餐，拒绝饥饿感

极度饥饿时进食，会使血糖值急剧上升，不利于身体健康。饥饿时还会过度增强食欲，容易暴饮暴食，从而导致肥胖。少吃多餐，不仅有利于减轻肠胃负担，增强营养物质的吸收，还能使胰岛素保持一个较低的水平，有利于脂肪的分解。

细嚼慢咽，吃八分饱

吃过饱，吃到撑了才停下来，胃容量会被撑大，热量摄入也会超标，所以每顿饭都细嚼慢咽，吃八分饱即可。进食时细嚼慢咽能刺激大脑分泌组织胺，带来饱腹感。组织胺还能刺激交感神经，促进体内脂肪的分解，加速热量的代谢。

每天喝八杯水

在减肥的过程中，体内水分充足很有必要，建议每天保持8杯水以上的摄入量。早餐之前先喝一杯温开水或者蜂蜜水，可有效加速肠道蠕动，排出前一天晚上堆积在体内的垃圾和毒素，减少肚子上的赘肉。正餐进食前先喝一杯水或果蔬汁垫个肚子，可以避免用餐过量。

保持良好的睡眠

熬夜会让体内肾上腺激素分泌过多，睡眠不足会导致食欲剧增，养成吃夜宵的坏习惯。睡眠不足还会使人体新陈代谢减缓，比拥有良好睡眠的人更容易发胖。研究发现，最佳睡眠时间是在晚上 11 点至次日凌晨 4 点，内脏会在这段时间内进行自我修复和调理，生长激素的分泌也会变得旺盛，以加速脂肪的分解。

产后运动宜忌与穴位调理

据研究报告显示，产后两个月至一年半以内，是妈妈修复身材的最佳时机。此时子宫已基本恢复正常，内分泌及新陈代谢功能也逐渐恢复正常，选择正确的减肥方法，不但不会影响哺乳，还会让奶水更通畅。

需要注意的是，妈妈在产后身体较为虚弱，不宜过早进行高强度的剧烈运动，特别是恶露排出期，大量运动可能会引起子宫收缩，导致阴道流血增多。日常适当的散步可以加速血液循环，有利于身体恢复。待身体状态恢复一些时，可以进行凯格尔运动，改善盆底功能，帮助盆底肌修复。也可以尝试练习产后瑜伽，对下肢部位进行适当的拉伸，既可以塑形瘦身，也有利于产后恢复健康。

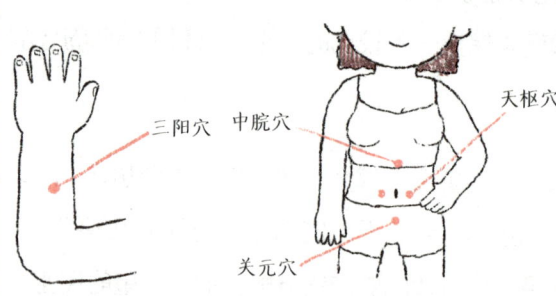

除了运动和饮食的调理，妈妈还可以通过穴位推拿，按压三阳穴、关元穴、中脘穴、天枢穴，每天一次，可促进淋巴循环，达到排出体内毒素、清除脂肪的作用。

美丽是女性的终生追求，当了妈妈后也不例外。产后肥胖的妈妈，只须了解产后肥胖的真正原因，做好产后肥胖的防治与调理，便能轻松恢复孕前的好身材。

调理五脏，调出红润好颜色

除了拥有完美的身材，所有女性还都希望有一个好气色，这样看起来更年轻、更健康有光彩。但女性因特殊的生理特点容易造成血虚和血瘀，产后恢复期护理不当更容易加重此类症状。血虚可使人面色苍白、面色萎黄、唇色淡白；而血瘀则是血液运行受阻，经脉之血不能及时消散以致血流不畅，容易产生黑眼圈和眼袋，给人产生苍老、精神不佳的印象。

中医认为"血为气之母，血载气以行"，面部是人体血脉最为丰富的部位，五脏功能盛衰都能在面部的色泽上有所体现。气色好的人看起来应该是红润有光泽的，而反之，如果出现赤、黄、青、白、黑等颜色，则有可能是身体出现了问题。

妈妈能够通过望诊了解宝宝的身体健康情况，也可以通过观察自己不同的面部颜色，来判断出脏腑的健康情况，并对症调养。

体内有热，面色发赤

面色红润彰显健康肤色，但过度的红则意味着体内有热。热可以分为实热和虚热。满脸通红为实热，而颧骨发红，则为虚热。眼间发红，则意味着心火太盛，容易引起失眠、心烦，甚至神经衰弱。鼻梁骨最高点发红，或为肝火偏盛，会出现心燥易怒、眼睛发红、月经增多等症状。

推拿穴位： 少府、劳宫、大陵、太冲、合谷、内庭。

推荐食物： 苦瓜、莲子、芹菜、豆芽、西红柿、山楂、橙子、木瓜。

调养方法： 心火、肝火旺的妈妈需要调整作息，保证充足的睡眠，少熬夜，不要过度劳累。日常应饮食清淡，多进食新鲜蔬果。

湿气过重，面色发黄

脾虚或体内有湿气的人，多为脸色发黄。脾胃两虚，代表胃肠功能不佳，新陈代谢出现了问题，肠胃不佳影响营养物质的吸收，使湿邪无法正常代谢，久而久之脸色就会变得蜡黄无光泽。产后湿气重的妈妈，表现为四肢关节、肌肉酸痛麻木，伴有畏寒、畏风、乏力、出汗、烦躁、失眠等症状。

推拿穴位： 脾俞、胃俞、肾俞、膀胱俞、三焦俞、阴陵泉、足三里。

推荐食物： 胡萝卜、菠菜、红豆、薏米、莲子、山药、茯苓、白扁豆、冬瓜。

调养方法： 湿气重的妈妈应避免长时间处于潮湿阴冷的环境，日常可以通过跑步、健走、游泳、太极、跳舞、瑜伽等运动激发体内阳气，促进五脏六腑的代谢功能，加速湿气排泄。

气血两虚，面色发白

气血两虚，贫血、营养不良的人，大多脸色苍白，嘴唇没有血色。气血两虚一般是由于过度劳累、饮食不洁、月经过多、崩漏所导致的。产后恢复期，妈妈脸色苍白，没有血色，还可能伴有心悸、心慌、失眠、疲乏、头晕眼花、舌质很淡、苔白、脉细等一系列症状。

推拿穴位： 血海、膈俞、膏肓俞、足三里、三阴交、心俞、肝俞、脾俞。

推荐食物： 鸡肉、瘦牛肉、当归、白萝卜、南瓜、山药、红枣、桂圆、阿胶。

调养方法： 气血两虚的妈妈日常生活中要注意调理脾胃，少吃油腻、辛辣、刺激、生冷的食物。平时还应保持适当的运动，如慢跑、打球、游泳等，以增强体质，提升造血功能。天气转凉时要注意增添衣服，睡前可常用热水泡脚，改善血液循环。

肾脏虚弱，脸色发黑

中医认为，黑色对应肾脏，脸色黯淡、发黑，往往是人体肾脏功能下降，导致水代谢异常引起的。肾脏功能出现问题，机体产生的毒素和多余的水分便无法有效排出体外，毒素在体内聚集，造成各个系统和器官出现异常。当毒素沉积在皮肤上时，脸色就会出现发黑的情况。

肾俞、足三里、太溪、三阴交、太冲、委中、涌泉、复溜、关元。

羊肉、韭菜、干贝、鲈鱼、黑豆、黑米、黑芝麻、木耳、桑葚、葡萄。

肾脏虚弱的妈妈日常应按时作息，保持舒畅心情，避免熬夜、过度疲劳、精神压力过大。平时经常进行腰部活动，还可以多做一些刺激脚心的按摩，能够益精补肾、调养气色、强身健体、防止早衰。

气滞血瘀，面色发青

从中医角度来看，肝脏具有储藏血液、保持全身气机疏通畅达的作用。脸色发青一般因气滞血瘀引起，往往都是肝脏出现了问题。肝在五行中属木，对应的是青色，如果肝功能受损，会造成脸色发青。肝脏功能受损后不能顺畅净化血液，血液会出现混浊，导致皮肤发青。还有贫血、内分泌失调、体内有寒时也会出现脸色发青。

血海、神门、内关、合谷、承浆、攒竹、太阳、足三里、三阴交。

韭菜、大蒜、葱、生姜、金橘、木瓜、枸杞、黑木耳、桃仁、黑大豆。

气滞血瘀的妈妈在生活中要多注意调节自己的情绪，少生气、少焦虑、少忧愁，才能使气血运转通畅。另外，适当进行跑步、游泳、打篮球、打羽毛球之类的运动，以此提高心血管功能，促进血液的流通，增强肺活量，改善血瘀的情况。

调理气色 Tips

中医推拿，推掉眼袋黑眼圈

造成眼袋、黑眼圈的原因有很多，譬如经常熬夜、肾气不足、眼部疲劳、维生素缺乏等。生完孩子之后出现黑眼圈，可能因为身体虚弱、体质差，或由于眼部过度疲劳，静脉血管血流速度过于缓慢，导致二氧化碳及代谢废物积累过多，造成眼部色素沉着所致。

产后如若出现黑眼圈或眼袋，妈妈首先要注意自己的睡眠质量，保证充足的睡眠，同时补充丰富的维生素，再通过中医推拿，经常刺激太阳、四白、期门、京门、关元这五个穴位，发挥清肝明目、活血通络、温阳益肾、培元固本的功效，从此告别"熊猫眼"，恢复健康神采。

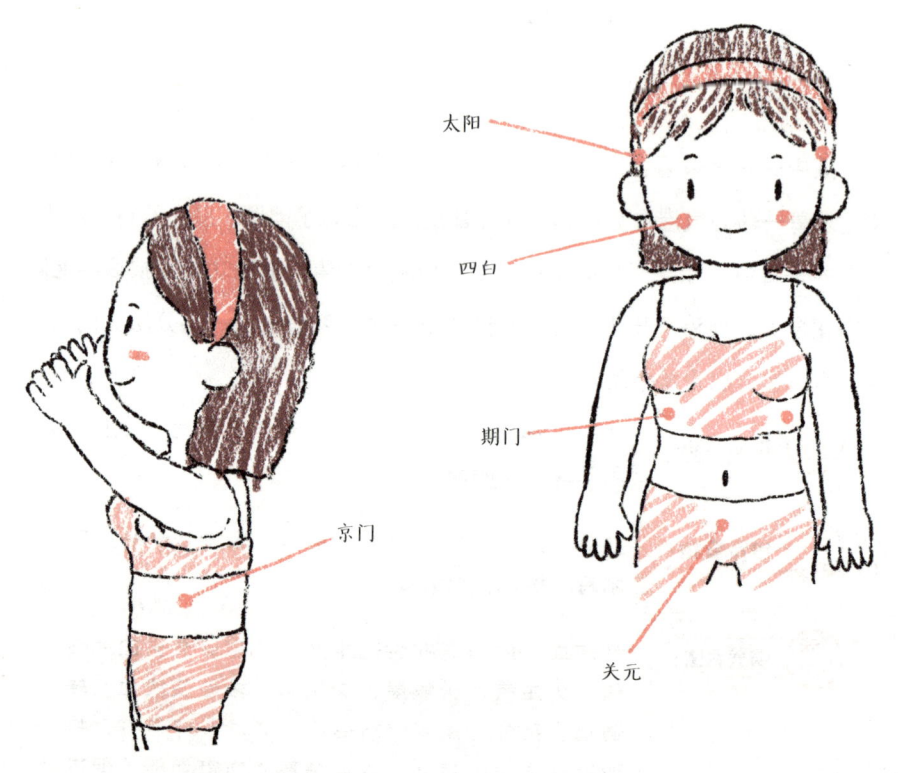

养生内调，养出舒畅好心情

小宝宝的出生，能给一个家庭带来无尽的欢乐，但对新手妈妈来说，往往是喜忧参半。因为随着新生命的降临，一系列专属于妈妈的烦恼便接踵而来：产后身体疼痛、身材走样、哺乳期脱发、宝宝夜间哭闹、睡眠不足……面对如此多的压力，心情自然受到影响，如果不及时调适心理状态，便会出现产后抑郁的情况。

产后抑郁症通常在产后2～4周出现，妈妈的症状为易激怒、焦虑、恐惧、沮丧，还会对自身及宝宝的健康表现出过度担忧。严重的还会陷入精神错乱和嗜睡的状态，失去生活自理能力和照顾婴儿的能力。虽然并非所有的妈妈都会患上产后抑郁症，但据调查显示，在分娩后的第一周，有50%～75%的新手妈妈会出现轻度抑郁症状，5%～10%则患有产后抑郁障碍。

新手妈妈出现产后抑郁，主要有以下几个原因：

神经内分泌的变化

妊娠后期体内雌激素、黄体酮、皮质类固醇、甲状腺素都会有不同程度的增加，分娩后这些激素会迅速下降，而泌乳素水平升高。内分泌激素水平的变化会给新手妈妈的身体和心理带来一系列变化，从而导致出现敏感、焦虑、抑郁等负面情绪，这也是引发产后抑郁的一个重要原因。

生育刺激以及生理改变

很多新手妈妈在分娩前就因为恐惧疼痛而焦虑不安，经过生产过程大量的损伤阴血，身体因分娩时的创伤出现各种生理疼痛，加上心神不养、内分泌失调，导致神经高度紧张，焦虑情绪加重，从而诱发产后抑郁。

家庭和社会因素

很多女性在婚内缺乏伴侣的体贴与关心，在哺育孩子的过程中又因遇到问题与家人发生矛盾，若这些矛盾无法得到调解，就容易累积负面情绪。而职业女性，会由于工作和生活无法协调处理，对角色定位缺乏认同，出现心理适应不良的情况。还有些家庭存在重男轻女的观念、家庭的经济来源不足等问题，而使新手妈妈感到压力过重而造成心情抑郁。

遗传原因

有调查研究显示，抑郁症的发生与个体遗传素质密切相关，有抑郁症家族史的女性，产后抑郁的发病率很高。尤其在孕前就有抑郁症或抑郁倾向的女性，产后患抑郁症的可能性很大，而高龄产妇也是产后抑郁症的高发人群。

中医学认为"人有五脏，化五气，以生喜、怒、悲、忧、恐"，人的情志活动与脏腑功能有密切关联。中医诊断产后抑郁症属于郁证、脏躁之范畴，病机在于心神失宁、肝郁气滞，或气阴两虚、虚火内扰。新手妈妈可以根据药食同源的原理，以食疗方法对身体内部进行调理，排出神经系统里的毒素，起到疏肝清热、安神醒脑、补血养心的功效，以此缓解病情而达到治疗目的。

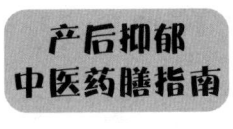

产后抑郁
中医药膳指南

鸽子菌菇山药汤

原料：鸽子1只，菌菇50克，山药30克，生姜、黑胡椒适量。

做法：将鸽子、菌菇和山药一同煲汤。

功效：滋补肝肾，养心解郁，补血健脑。

柴胡龙骨牡蛎汤

原料：柴胡15克，龙骨、黄芩、生姜、人参、桂枝（去皮）、茯苓、半夏、大黄、牡蛎各10克，大枣6枚。

做法：以上11味药，水煎温服，一日一剂。

功效：抗抑郁，调失眠，有效改善烦躁不安、情绪紧张等症状。

甘麦大枣汤

原料：甘草10克，小麦30克，大枣50克。

做法：将小麦洗净，漂去浮末；将上述3味药放入锅中，加净水约800毫升，用小火慢慢熬，煮沸后煎至400毫升左右，去渣，分几次饮汤，最后吃掉大枣即可。

功效：养心安神、补脾和中，可适用于产后抑郁症的治疗。

鲫鱼核桃仁汤

原料：活鲫鱼1条，核桃仁50克，莲子50克，生姜5片，大蒜头10瓣，黑胡椒、食醋、料酒适量。

做法：鲫鱼、核桃仁、莲子共同煲汤，加姜、蒜、调料入味即可。

功效：和中补虚、除湿利水、温胃健脾，含有多种微量元素，且富含抗抑郁营养素。

养心安神 Tips

"艾"自己，"灸"走坏心情

中医认为，女性生产之后气血亏虚，容易出现肝郁脾虚等症状，如若调养不当，再加上睡眠不好、心理脆弱等问题，导致产后抑郁，不仅影响家庭和谐，还会给自己的精神及心理健康带来危害。

中医治疗主要采用疏肝解郁安神的方法，常用柴胡、郁金、合欢花、合欢皮、香附、川芎、苍术等中药材。此外，艾灸也有很好的治疗作用。有产后抑郁症状的妈妈，可以用中医艾灸疗法，灸治百会、神门、风池、太冲、命门、神阙、足三里、三阴交等穴位，再配合药膳慢慢调理，以达到良好的治疗效果。

另外，调理精神情志也是治疗关键。家庭要营造和谐的氛围，相互之间多进行沟通交流，家属不要给新手妈妈添加太大的压力。新手妈妈在照顾孩子时也要放宽心，不要过于担心孩子，也不要把全身心都放在孩子身上，日常多分心照顾好自己，调理好自己的身体，调适好自己的心情。

轻微的抑郁其实并不可怕，有多种中医治疗和调理的方法可以选择，如果新手妈妈出现严重的产后抑郁，就不能单纯应用中医调理，一定要及时配合西药治疗，以免延误病情，产生无法挽回的后果。